VOYAGE

D'UN FAUX MUSULMAN

8ᵉ SÉRIE IN-12.

Propriété des Éditeurs.

RENÉ CAILLÉ

VOYAGE

D'UN

FAUX MUSULMAN

A TRAVERS L'AFRIQUE

TOMBOUCTOU

Le Niger, Jenné et le Désert.

LIMOGES
EUGÈNE ARDANT ET Cⁱᵉ, ÉDITEURS.

VOYAGE

A TOMBOUCTOU

Supposons que vous ayez sous les yeux une carte du globe; que, sur cette carte, vous vous établissiez à l'un des points qui représentent Brest, Nantes, Rochefort ou Bordeaux, à la droite du petit carré qui représente la France; que de là, votre doigt se promène au large sur cet espace blanc qui figure la grande masse d'eau de l'Atlantique, et, laissant à gauche l'Espagne, le Portugal, le détroit de Gibraltar, continue son chemin en vue du cap Noun, du cap Boyador, du cap Blanc, du cap Vert, en vue des établissements français et anglais du Sénégal et de la Gambie; puis, reprenne enfin terre à ce petit filet noir qui marque l'embouchure du Rio-Nunez : —

parvenus là, vous avez fait douze ou quinze cents lieues, et vous êtes au point de départ du voyage que nous allons entreprendre à la suite de M. Caillié.

A présent, notre ligne de route est bien facile à tracer, par *à peu près* s'entend. Il s'agit, en tournant le dos à la mer, de fixer sur la carte un point à deux cents lieues environ de l'embouchure du Rio-Nunez, et de joindre ce point d'une part avec cette embouchure, de l'autre avec l'empire de Maroc, avec Fez et Tanger. Entrés en Afrique par le côté qui fait face à l'Amérique, nous en sortirons par le côté qui fait face à l'Europe; nous aurons fait sur le sol africain un coude de neuf à onze cents lieues.

Qu'y a-t-il à voir, à l'heure qu'il est, sur cette longue ligne? Que se passe-t-il, dans ces régions sur lesquelles la carte est presque entièrement muette, ou bien qu'est-ce que représentent le petit nombre d'indications qu'elle donne? Sous quels aspects se présentent là et la terre et les hommes?

Le soleil, les nuages, les montagnes, les rivières, ont-ils là les mêmes habitudes que chez nous? Le sol est-il pareil à celui que nous foulons? se pare-t-il des mêmes couleurs, porte-t-il les mêmes plantes, nourrit-il les mêmes animaux, et, creusé, laisse-t-il voir les mêmes choses? — Enfin, s'il y a des hommes dans ces vastes contrées, qui sont ces hommes? Quelle idée se font-ils de la vie humaine? Quel parti tirent-ils de la terre et des choses qu'elle porte? Quel parti tirent-ils de leurs semblables et d'eux-mêmes? Que savent-ils? Qu'imaginent-ils? Ce même soleil qui, eux aussi, les réchauffe et les éclaire, leur dit-il quelque chose des autres hommes qu'il a réchauffés et éclairés avant que d'arriver à eux, de ceux qu'il réchauffe et éclaire en même temps qu'eux : de nous, par exemple, qui sommes de ceux-là? Ces hommes s'occupent-ils de nous, comme nous nous occupons d'eux? Songent-ils également, de leur c̀ à nous rendre visite?

Bien d'autres questions s'élèvent à la vue

de ces espaces si voisins de notre Europe, et si fort négligés par elle ; de ces espaces où nos croyances et nos sciences, nos langues et nos institutions sont presque totalement inconnues. Ces hommes, en effet, ne pouvons-nous rien pour eux ? N'avons-nous à échanger avec eux que des regards indiscrets et méfiants ? Si différents qu'ils soient de nous par l'extérieur et le costume, ou même par l'organisation et les habitudes, en sont-ils moins nos pareils au nom des besoins universels de la nature humaine, au nom du travail qui répond partout à ces besoins, au nom de la sympathie par laquelle chacun de nous est associé aux plaisirs et surtout aux souffrances des autres hommes ? Qu'ils le reconnaissent ou non, ils appartiennent à la grande famille dans laquelle nous ne voyons, nous, que des frères nés pour être amis, des frères que l'erreur seule sépare.

Deux questions surtout ont attiré, de nos jours, l'attention des Européens vers cette partie de l'Afrique.

L'une de ces questions se rapportait à un vaste courant d'eau qui promettait à lui seul un puissant instrument aux recherches ultérieures. Car, vous le savez, une rivière en ces régions brûlantes, ce n'est pas seulement, comme ailleurs, *un chemin qui marche* (1), c'est un chemin qui désaltère ceux qu'il porte, un chemin qui leur prépare devant eux des vivres et un abri sur les rives que son eau fertilise. De là l'importance de la question du NIGER, ce *Nil des Noirs*, mentionné il y a plus de deux mille ans par l'historien grec *Hérodote*, retrouvé en 1795 par l'Anglais *Mungo-Parck*, et dont les sources principales furent indiquées, en 1822, par l'Anglais *Laing*. Plus récemment, en 1830, deux autres Anglais, *Richard Lander* (ci-devant domestique du célèbre voyageur Clapperton), et son frère *John*, se livrant hardiment au courant du fleuve, l'ont descendu jusqu'à la mer.

L'autre question, qui touchait de près à

---

(1) Expression de *Pascal*.

la première, était relative à la ville de Tombouctou (1), voisine du fleuve, et comme lui, mystérieuse. Ce nom, il faut le dire, exerçait une sorte d'enchantement sur l'imagination des géographes. Ils ne pouvaient se représenter sans enthousiasme une capitale grandie, comme par miracle, sous le souffle desséchant du Désert : véritable port de cet océan de sable qu'on appelle le *Sahara*, entrepôt florissant d'un commerce perpétuel entre le nord et l'occident de l'Afrique. C'était à qui lui prêterait les plus larges dimensions ; les évaluations les plus modérées ne lui donnaient pas moins de cent mille habitants. Un écrivain arabe, enchérissant sur les exagérations de ses compatriotes, allait même jusqu'à dire : « C'est la plus grande ville que Dieu ait » créée. »

Vous commencez à craindre que la réalité ne réponde pas à ces pompeuses annon-

(1) Ou *Temboctou* ou *Ten-Boktoŭ*, comme on commence à l'écrire à présent, d'après l'Arabe Ben-Batouta.

ces ; elles auront du moins servi à tourner l'attention de ce côté. Si l'on n'a pas le singulier plaisir que l'on se promettait de rencontrer un *Paris* au milieu des sables, en revanche on aura quelques pages de plus à ajouter à l'inventaire de notre planète, et au recensement général de la famille humaine.

Quant à nous, nous sommes, pour le moment du moins, condamnés à ne visiter ces contrées lointaines que par les yeux d'autrui, et, pour ainsi dire, par procuration. — Le voyageur qui se charge de les visiter pour nous se fera-t-il toutes les questions que nous nous ferions en pareil cas ? Arrivera-t-il là-bas avec nos propres préoccupations ? Par lui serons-nous là comme si nous y étions nous-mêmes ? C'est chose dont on peut douter ; toutefois, dans l'impossibilité où nous sommes, pour longtemps peut-être, de nous transporter en personne à douze cents lieues d'ici, cette ressource des récits d'emprunt (la seule qui nous reste) n'est pas à dédaigner. Elle serait plus précieuse encore, si les lecteurs de *voyages* avaient le bon esprit de ne demander au voyageur que ce qu'il sait, de ne pas le contraindre à parler des choses que les circonstances du trajet ou bien le défaut de connaissances préalables ne lui ont pas permis de remarquer. Loin de là, le voyageur est tenu, d'ordinaire, de tout voir, de tout entendre, de tout comprendre ; il est tenu d'entrer dans le pays avec tous les moyens d'observation que chacune de nos sciences modernes prête à ses disciples ; il est tenu d'en sortir sans oublier le nom d'une seule bicoque. Le lecteur gagne-t-il en réalité quelque chose à ces exigences? eh mon Dieu non! Le voyageur fait semblant d'être en état d'y satisfaire ; il parle de tout ; il ne laisse pas en blanc une seule des stations de son itinéraire : toutes les lacunes de ses notes ou de sa mémoire, il les remplit de la meilleure grâce du monde : son honneur est sauf aux dépens de sa probité.

Tâchons d'être justes, ne fût-ce que pour n'être pas trompés ; et, prenant notre voyageur pour ce qu'il est, ne le forçons pas à se donner pour autre. Voyons ce que nous pouvons en conscience attendre de lui, et ne lui demandons rien de plus.

Dès l'ouverture de son livre (1), nous apprenons que c'est un jeune homme de vingt-six à vingt-sept ans. Ni dans le village de Poitou (2) qu'il quitta, nous dit-il, à seize ans pour la côte d'Afrique, avec *soixante francs* pour toute fortune, et quelques lectures de voyages pour toute instruction ; ni dans ses différentes courses au Sénégal ou à la Guadeloupe, il n'eut le loisir ou le moyen d'acquérir les connaissances qu'un voyage de découverte exige. — De plus, s'il parcourt sur le globe la ligne de route que nous venons de tracer sur la carte, c'est en passant, c'est à la dérobée, à la hâte, dans des transes perpétuelles, et comme en traversant un camp ennemi :

(1) JOURNAL *d'un voyage à Temboctou et à Jenné*, etc., par René CAILLIÉ.

(2) *Mauzé* près Thouars, département des Deux-Sèvres

sans autre défense que celle que ses maux lui acquièrent de loin en loin dans les âmes compatissantes; sans autre protection que la pitié ou le mépris qu'il inspire. Pauvre mendiant dévot, marchant seul et à pied au milieu de tant de populations étrangères, bien souvent, c'est à peine s'il ose lever les yeux de dessus le grand chapelet musulman qui lui sert de passeport.

Vous voyez qu'il est difficile de voyager dans des conditions plus défavorables. Nous serions mal venus à vouloir qu'il sorte de là une relation nourrie d'observations approfondies et savantes. Toutefois, un pareil trajet peut nous apprendre encore bien des choses que nous ignorons, et nous en rappeler d'autres auxquelles nous ne songeons pas. En laissant même les indications que le voyageur a tâché de recueillir sur les pays qui se trouvaient à droite et à gauche de sa route; en laissant encore la longue liste de dénominations géographiques qu'il s'est efforcé de compléter; il reste les choses qu'il a vues de ses yeux, les choses que tout passant en Afrique pourrait apercevoir de même, les choses sur lesquelles il ne peut y avoir de doute, sans inculper, non pas les lumières, mais la bonne foi même de celui qui les raconte : il reste les événements auxquels le voyageur a été mêlé, dans lesquels il s'est trouvé tout ensemble acteur et spectateur. Le *journal* de M. Caillié serait réduit au récit de ses propres aventures, qu'il n'en serait par là même sur l'Afrique qu'un témoignage plus expressif et plus authentique.

De ce que M. Caillié avoue franchement qu'il s'est mis en route sans avoir pu jamais acquérir les connaissances qui peuvent donner le plus de prix à une pareille entreprise, il ne s'ensuit pas qu'il soit parti sans préparation aucune. Rien que pour entrer sur le territoire d'Afrique, il faut se déguiser, se transformer, se composer un rôle. Ce rôle, il faut, dans une si longue traversée, qu'il s'adapte également à chacun des pays à parcourir ; qu'il convienne aux ressources particulières du voyageur, qu'il s'accommode à ses moyens d'observation. Une fois ce rôle composé, il faut l'apprendre, il ne faut pas l'oublier un seul instant : il y va de la vie. Ce rôle, quel qu'il soit, bien choisi et bien joué, est à lui seul un renseignement précieux sur les contrées dont il ouvre la porte au voyageur.

Ainsi donc, à part ses résultats, et seulement pour être mise à exécution, la traversée que nous nous proposons demande un apprentisage. Celui de M. Caillié, commencé de bonne heure, et plus long par le manque même d'encouragements et de secours, dura près de dix années. Trois voyages successifs au Sénégal, deux essais malheureux pour pénétrer dans l'intérieur à la suite des expéditions anglaises, le familiarisèrent avec toutes les difficultés de sa tâche. Dans l'une de ces tentatives, il vit par lui-même combien la foule des chameaux, la richesse du bagage, et même une troupe de soldats armés, servent de peu contre des hommes qui, s'obstinant à fermer aux Européens l'accès de leur pays, comptent au nombre de leurs armes offensives le soleil et le sable, et n'ont rien que leurs puits à défendre. Une retraite ruineuse « et plus sinistre qu'une déroute » lui apprit qu'à moins de se frayer le chemin par la force, l'étude de ces populations défiantes ne devait pas se faire avec tant de bruit.

Ainsi, le plus grand obstacle à la traversée que nous nous proposons, ce sont les hommes. Des Arabes, en effet, de race plus ou moins mélangée, ont pénétré partout en ces parages parmi les populations noires et partout, avec le nom de Mahomet et ses lois sévères, ils ont implanté la haine et le mépris des *Chrétiens* : mettant, sous ce nom, tous les Européens *hors la loi ;* nous dévouant tous tant que nous sommes, en cette vie, au brigandage et à la filouterie des *Fidèles*, et dans l'autre, aux flammes éternelles de l'enfer.

Notre jeune voyageur (1) jugea que le

(1) M. Caillié avait alors vingt-quatre ans.

plus court était d'apprendre leur religion et leur langue. Il trouva tout simple d'abandonner les chances de fortune que lui offrait le commerce (1), pour aller faire son éducation musulmane chez les Musulmans eux-mêmes. Pour maîtres d'arabe et d'islamisme, il choisit les Arabes (ou Maures) Braknas qui errent avec leurs troupeaux entre le Sénégal et le Désert, à cinquante ou soixante lieues de la côte.

Je ne m'arrêterai pas à vous raconter le traitement que lui valut de leur part son apparente conversion aux croyances musulmanes. Ses hôtes lui montrèrent à lire l'écriture arabe, et lui firent apprendre par cœur force versets du Coran. Il fut même pourvu d'une planchette d'écolier, et, comme les enfants, soumis, le matin avant le jour et le soir à la nuit, à chanter à haute voix la gloire d'*Allah* et de *Mohamed*, à la lueur d'un petit feu.

La langue usuelle de ces Arabes lui de-

(1) Un négociant lui avait fait l'avance d'une petite pacotille.

vait être par la suite du plus grand secours. Leur société était du reste une excellente école de mœurs africaines, de vie uniforme et simple, et par-dessus tout, de sobriété. Chose étrange pour nous! Chose bien plus étrange encore pour l'estomac du pauvre *voyageur*, leur principale nourriture, c'est le lait : aux chefs, le lait de chameau ; aux autres, le lait de vache, de chèvre ou de brebis; dans la saison des pluies ils ne prennent pas autre chose. Une simple bouillie de mil pilé et assaisonnée d'herbages suppléé au lait dans les temps de sécheresse. Un repas de viande séchée est le privilége des plus riches, et pour eux-mêmes, un régal. Le reste est à l'avenant.

Ces privations continues ne les dispensent pas du jeûne que la religion leur impose, jeûne auprès duquel ce que les Européens appellent aujourd'hui de ce nom n'est qu'un jeu. Ce jeûne, en dévôt catéchumène, *abdallahi* (1), c'est le nom que M. Caillié

(1) Ce nom qui signifie *esclave de Dieu* est de ceux que recherche l'humilité musulmane.

s'était donné, y fut astreint sans miséricorde.

« Le soir (5 avril 1825) on aperçut la nouvelle lune. C'était celle du Ramandan : le carême allait commencer. On fit de longues prières et beaucoup de bouillie de mil... » C'était dans la saison des chaleurs, par un vent d'est étouffant. Une tasse de lait aigre *avant* et *après* le coucher du soleil ; à onze heures du soir, une simple bouillie de mil : tel était, tel est encore sur la rive droite du Sénégal le régime de *la lune du jeûne.*

« Le sixième jour, dit le voyageur, je crus que je ne pourrais soutenir plus longtemps ces terribles mortifications. La chaleur augmentait; ma soif était insupportable : j'avais la gorge desséchée ; ma langue, gercée, me faisait l'effet d'une râpe dans la bouche. Je crus que je succomberais ; je ne souffrais pas seul : tout le monde, autour de moi, endurait les mêmes tourments. Enfin, les *Marabouts* se baignèrent le visage, la tête et une partie du corps.

On me permit d'en faire autant; mais j'étais observé avec la plus grande attention. »

Une seule fois il avale avec frayeur une partie de l'eau avec laquelle il était permis de se laver la bouche.

« Je jeûnai ainsi dix-sept jours ; le dix-huitième, je fus attaqué de la fièvre ; alors on me dispensa du jeûne, si toutefois on peut appeler ne pas jeûner boire un peu d'eau dans la journée, car on ne me donna absolument rien à manger. »

Huit ou neuf mois de séjour parmi les Braknas ont mis le voyageur à même de nous raconter à loisir tous les incidents, très-peu variés du reste, de leur vie ambulante, de nous introduire dans leurs maisons portatives, de nous montrer leur ameublement, leur costume ; de nous faire voir comment sont réparties chez eux, entre les diverses classes d'hommes libres ou d'esclaves, les différentes fonctions industrielles, commerciales, civiles, militaires, religieuses, etc. Ces curieux détails nous mèneraient trop loin. Il ne faut pas oublier que nous avons beaucoup de chemin à faire.

Le *chrétien*, dont la conversion avait toujours laissé quelque défiance, était allé aux bateaux français sur le fleuve, et, contre l'espérance de ses hôtes, il était revenu partager leur fade bouillie de mil.

Il s'agissait d'*acheter un troupeau et deux Noirs* pour établir chez les Braknas son point de départ sur une base solide. Par malheur, le gouverneur français, qui avait encouragé ses premiers essais, était parti. M. Caillié vit ses offres repoussées, et des espérances qui lui coûtaient déjà tant de fatigues, ruinées de fond en comble. Il se fit empailleur d'oiseaux, pour vivre. Le gouverneur, revenu, ne répondit à son empressement que par de vagues promesses. Les Anglais de Sierra-Leone l'accueillirent mieux à tous égards. Les Français lui avaient opposé M. de Beaufort et les railleries amères sur sa prétendue conversion et sur son costume. Les Anglais, en lui opposant le major Laing, également parti pour Temboctou, lui offrirent l'hospitalité la plus généreuse. Près de deux ans s'écoulèrent ainsi dans des désappointements continuels.

M. Caillié ne se rebuta point. Il avait eu connaissance du prix proposé en 1824 par la *Société de géographie* de Paris, au voyageur qui parviendrait le premier à Temboctou par la voie de la Sénégambie ; il se disait : « Mort ou vif, je l'obtiendrai ; si je n'en jouis pas, ma sœur le recueillera. » Il ajoute : « Je refusai tout arrangement ; je voulus au moins laisser à l'amie de mon enfance une propriété incontestable, le mérite d'avoir tout fait par moi seul. »

Il se lia à Free-town (1) avec des Noirs musulmans venus de l'intérieur : puis, un jour, sous le sceau du secret, il leur apprit d'un air très-mystérieux qu'il était né à Alexandrie en Egypte, qu'il avait été fait prisonnier par l'armée française, et conduit au Sénégal pour faire les affaires commer-

(1) Chef-lieu de la colonie anglaise de Sierra-Leone.

ciales de son maître : qu'affranchi pour ses services, il voulait retourner dans son pays natal, et reprendre la religion de ses pères.

Telle est la fable sur la foi de laquelle allait reposer pendant près de dix-sept mois la sûreté de sa vie.

Une petite friponnerie lui fit sentir dès le lendemain qu'il ne pouvait espérer, avec l'habit européen, vaincre les vieilles habitudes de ses nouveaux amis d'Afrique; il s'empressa de gagner par mer un endroit où il pût débarquer avec son costume arabe, et choisit pour tel l'embouchure du Rio-Nunez, à cinquante lieues nord de Sierra-Leone. Il avait converti en argent et en marchandises les *deux mille francs* d'économies qui composaient toute sa fortune ; dix-sept cents francs avaient été consacrés à des achats de poudre, de papier, de tabac, de verroteries, d'ambre, de corail, de mouchoirs de soie, de couteaux, ciseaux, miroirs, clous de girofle, de trois pièces de guinée bleue et d'un parapluie. Tout cela ne pesait pas cinquante kilogrammes. Le reste en or et en argent tenait dans sa ceinture. Quelques Anglais lui procurèrent divers médicaments, de la crême de tartre, du jalap, du calomélas, divers sels purgatifs, du sulfate de quinine, des emplâtres de diachylon, enfin du nitrate d'argent. M. Caillié se pourvut, en outre, de deux petites boussoles, et remplit les poches de son costume arabe des feuillets d'un Coran qu'il avait déchiré.

Parti de Sierra-Leone, le 22 mars 1827, il arrive au village de Kakondy, sur la rive du Rio-Nunez, le 31. Un coup de fortune pour lui ce fut, dans ce village, la rencontre d'un négociant français (1) qui se fit un plaisir de mettre son expérience du pays au service de son jeune compatriote. Il fit venir quelques Noirs voyageurs, fort considérés, leur livra le voyageur avec les recommandations les plus vives et des présents plus expressifs encore. Ces présents représentaient la valeur d'un bœuf en marchandises.

(1) M. Castagnet.

DÉPART.

« Le 19 avril 1827, dit M. Caillié, je pris congé de M. Castagnet. L'avouerai-je! je pleurais en quittant mon généreux ami et pourtant ces regrets bien sincères ne pouvaient altérer la joie que j'avais d'entreprendre enfin ce voyage. » A deux heures de marche de Kakondy, sur la rive gauche du Rio-Nunez, les tombeaux de cinq voyageurs anglais (entre autres, du major Peddie) durent assombrir la longue perspective de nouveautés, mais aussi de fatigues et de périls qui s'ouvrait enfin devant l'impatient voyageur. Une fois qu'il aura mis derrière lui les hautes montagnes boisées qu'il voit à l'horizon, il lui faudra marcher bien longtemps avant qu'un mot français revienne frapper son oreille, et l'invite à déposer enfin non plus seulement sa couverture de laine et ses sandales, mais encore ce fardeau de défiances, de mensonges et de faux-semblants qui lui pèse encore plus.

Nos compagnons de voyage, au départ, sont cinq Noirs libres, *Mandingues* aux cheveux crépus, au nez aquilin, aux lèvres minces, et trois Noirs esclaves. Tous, à l'exception du chef noir Ibrahim et de sa femme, portent sur leur tête des charges énormes dans de longues corbeilles. Un *Foulah* (au teint marron-clair, cheveux crépus, lèvres minces) porte sur sa tête le bagage du voyageur.

Le voyage commence le plus heureusement du monde. Les Noirs, moyennant quelques morceaux d'étoffe, ont pour Abdallahi toutes les attentions possibles. Les Foulahs rencontrés en route, les uns chargés de sel qu'ils voiturent dans l'intérieur à trente ou quarante lieues de là, sur leur tête, les autres apportant à la côte des cuirs, de la cire, du riz que les marchands européens se disputent, en apprenant que le blanc est Arabe ne peuvent se lasser de le regarder et de le plaindre, viennent s'asseoir à terre près de lui, prennent ses jambes sur leurs genoux, et les pressent doucement pour le délasser. « Tu dois bien souffrir, lui disent-ils, car tu n'es pas habitué à faire une route aussi pénible. » Ils vont eux-mêmes chercher des feuilles pour lui faire un lit : « Tiens, voilà pour toi, car tu ne sais pas comme nous dormir sur la pierre. »

Emerveillé de cette dévotion charitable, étendu sur son lit de feuillage, le voyageur couche sans crainte à la belle étoile : quelquefois sous de magnifiques ombrages, quelquefois sous des appentis de branches et de paille destinés à abriter les passants. Partout, le guide Ibrahim s'empresse de débiter et d'embellir l'histoire d'Abdallahi, le faisant naître à la *Mecque* même, la seule ville du monde dont le nom soit parvenu à ces peuples. Partout à la nouvelle de l'arrivée d'un compatriote du Prophète, les hommes et les femmes accourent, non plus avec la curiosité méprisante des bords du Sénégal, mais avec une sorte d'ingénuité respectueuse, se tenant à distance du saint étranger, lui ouvrant cordialement leurs cabanes, lui apportant quelquefois la seule chose qu'ils possèdent, de petites galettes de riz mêlé de miel et de piment, séchées au soleil, le pain de maïs jaune et frais, assaisonné de miel et de pistaches grillées et pilées, du lait, des fruits : présents que les femmes lui offrent souvent à genoux.

Un exemple vous donnera une idée plus précise de ces bergers montagnards : « Un soir que la petite caravane avait, comme d'ordinaire, fait halte auprès d'une source pour y passer la nuit, je vis un jeune Foulah qui ne pouvait se lasser de me regarder. Il me proposa de le suivre à son camp, pour boire du lait. Comme je ne voulais pas y aller seul, il engagea un de mes compagnons de voyage à m'accompagner : deux d'entre eux s'y prêtèrent avec complaisance. Le jeune homme marchait devant nous pour nous enseigner la route, et avait soin d'ôter de grosses pierres qui se trouvaient sur mon passage. Arrivé à son camp, qui était tout près de notre halte, il s'empressa de sortir une peau de bœuf sur laquelle il me pria de m'asseoir. Ce camp se composait de cinq ou six cases en paille presque rondes et très-basses : il fallait se mettre en deux pour y entrer. L'ameublement se composait de quelques nattes, peaux de mouton et calebasses pour mettre du lait; le lit, de quatre piquets sur lesquels étaient placés en long des morceaux de bois recouverts d'une peau de bœuf. Il alla avertir sa vieille mère et ses sœurs, et leur dit que j'étais un Arabe compatriote du Prophète, et allant à la Mecque. Elles me regardèrent avec beaucoup de curiosité, et en faisant plusieurs gestes crièrent *La allah il allah*, etc. (Il n'y a d'autre Dieu que Dieu et Mahomet est son prophète) — à quoi je répondis par la formule ordinaire. Elles s'assirent à une petite distance de moi, et me regardèrent tout à leur aise. Le jeune Foulah alla me chercher du lait dans une calebasse qu'il eût soin de laver (excessive politesse de leur part), puis m'apporta un peu de viande frite ; je l'engageai à en manger avec moi ; mais, en me montrant du doigt la lune, il me dit d'un air timide et riant : Je jeûne, c'est le Ramadan. »

Nous traversons ainsi des montagnes verdoyantes, coupées de ravins au fond desquels grondent de nombreux ruisseaux : marchant le plus souvent à l'ombre de hautes forêts (1), sans autre incident que la rencontre de quelques singes roux qui aboient comme des chiens. A l'un des nombreux passages à gué de rivières grossies tout-à-coup par les orages, le voyageur faillit être emporté par le courant : les noirs effrayés criaient à tue-tête : *Allah il allah*, etc. (Dieu est Dieu et Mahomet est son prophète).

Du reste, le voyageur essuie chaque jour un violent orage et quelquefois plu-

---

(1) « Peuplées, dit M. Caillié, d'une foule d'oiseaux *dont les couleurs varient à l'infini.* »

sieurs. Les pluies qui commencent en avril durent six mois consécutifs en ces montagnes. Mouillé jusqu'aux os, il marche pieds et jambes nus par des chemins inondés. Ce pays montagneux est habité par des Foulahs qui y promènent leurs troupeaux, et semé de villages d'esclaves noirs cultivateurs. La vie paraît y être facile pour tous; le lait des vaches et des brebis, un peu de riz qui croît facilement dans la plaine, suffisent à leur nourriture, avec le fruit du nédé, du pistachier, de l'oranger, du bananier. Vous venez d'entrer chez le bon jeune Foulah; visitez à présent les villages de Noirs esclaves : vous les trouvez entourés de belles plantations de bananiers, ananas, cassave, ignames, choux caraïbes : le tout bien soigné par les femmes, pendant que les hommes sont aux champs de riz ou de *foigné*.

Le corps, la tête surtout, graissés de beurre, vêtus, du reste, comme les Mandingues, d'une chemise sans col et sans manche et d'une large et courte culotte de grosse toile de coton blanche arrêtée seulement à la ceinture par une coulisse, les Foulahs se tiennent très-droit, mettent beaucoup de sérieux dans leurs démarches, et se croient très-supérieurs aux Noirs. Leurs armes ordinaires de voyage sont des flèches empoissonnées et des lances. Cependant, le fer n'est pas rare dans leurs montagnes et M. Caillié a vu, chez eux plusieurs fourneaux de cinq à six pieds de haut, de dix-huit à vingt de tour avec une cheminée à la voûte et quatre trous à la base.

Le 28 avril, grand jour de fête ; séjour, pour la célébration de la Pâque ; le matin, prière en commun, plus solennelle que de coutume ; les marchands se prosternent à la file et Abdallahi avec eux. « Au sortir de la prière, on se dispose à tuer le bœuf (acheté la veille en commun entre douze ou quinze). » Les Mandingues passèrent près d'une heure à égaliser les lots de viande : ils prirent chacun un petit morceau de bois pour les mesurer ; des coups de fusil et des chants à la louange d'Ibrahim (qui fournit la poudre), répondent par avance au plaisir promis par le copieux repas qui s'apprête. Sans avoir pris part à l'achat du bœuf (le moment serait en effet mal choisi pour paraître riche), Abdallahi est appelé à prendre part au festin. Ce jour-là une petite querelle des jours précédents au sujet du cadeau de M. Castagnet, est mise en oubli. « En entrant dans la case d'Ibrahim, je vis une grande calebasse de riz bouilli, sur lequel on avait mis de la viande en assez grande quantité. Nous nous assîmes autour et chacun mit la main au plat. Le riz fini, Ibrahim distribua la viande. » Le reste du bœuf est exposé toute la nuit à la fumée, et mis pour les jours suivants dans des sacs de cuir. Quant à la peau, on l'échange contre une provision de riz.

Le 29, nous arrivons sur des roches rougeâtres et poreuses à la petite montagne de granit noir qui sépare le pays d'*Irnanké* où nous étions tout-à-l'heure, du *Foutadhialon* où nous allons entrer. Le voyageur ne peut pas garder les sandales du pays, et marche pieds nus sur les roches (1).

Le premier village du Fouta-dhialon vous donnera une idée des autres. Une haie vive lui sert de muraille ; les cases grandes et bien tenues, appuyées là sur une terre jaune et fertile, sont entourées de belles cultures potagères dont les femmes et les enfants ont le plus grand soin. Ils se donnent même la peine de balayer les allées qui conduisent à leur case. Du reste toujours même sobriété.

Le dîner du chef, obligeamment offert, après la prière, à Ibrahim et à Abdallahi, n'est autre chose que du riz cuit à l'eau assaisonné de lait aigre. Ils le partagent assis à terre sur une natte, auprès d'un petit feu, que l'humidité rend nécessaire. « Après ce léger repas, ajoute le voyageur, la femme du chef vint s'asseoir avec nous ; elle écoutait en silence la conversation qui

(1) M. Caillié dit ici : « Aux roches succédèrent des pierres *de nature volcanique.*

roulait sur les *Chrétiens* dont ils parlent toujours avec mépris. Elle eut la complaisance de me donner un peu de lait, qu'elle m'engagea à boire, puis alla chercher quelques figues et bananes, les mit dans une calebasse bien propre, et nous les donna à mon guide et à moi. Cette femme avait une physionomie extrêmement douce ; son vêtement consistait en deux bandes de toile de coton fabriquée dans le pays et de la plus grande propreté. Elle n'exhalait pas l'odeur de beurre rance des femmes foulahs du pays d'Irnanké. »

Le pays est généralement découvert ; la route, suivie par Ibrahim, traverse tour-à-tour des monticules pierreux et des plaines de terre jaune ou de sable noir également fertiles : plaines arrosées par un grand nombre de rivières rapides, du moins après les violents orages qu'essuie chaque jour le voyageur.

Le blanc excite toujours la curiosité de tous. Les habitants, au teint noir ou marron, accourent en foule pour le voir. Quelques-uns le corps tout couvert d'ulcères. Abdallahi prend pitié de leurs infirmités, et devient leur médecin. « Je leur distribuai, dit-il, quelques caustiques (du nitrate d'argent, autrement dit *pierre infernale*) avec de la charpie : ils m'envoyèrent un bon souper en signe de reconnaissance. »

La case où il séjourne ne désemplit pas; les questions et les présents se succèdent. Plusieurs grands marabouts lui viennent rendre visite. Le chef d'un village voisin lui envoie du lait et une *noix de colats*, signe de grande considération. Les femmes, plus par curiosité que par dévotion, lui apportent de la cassave, du lait, des oranges, du riz, et les lui présentent à genoux. Indisposé, il reçoit, en cadeau, une grosse poule. Les chefs de village lui offrent leur souper de riz au lait aigre. Un cordonnier lui donne une paire de sandales. Le voyageur note sur son chemin des champs de tabac d'une petite espèce et de coton semé à la volée et mal soigné.

Le chef d'un de ces villages, très-honoré

de recevoir dans sa case (grande et belle case à deux portes) un compatriote du Prophète, vient près de son hôte, lui passe les mains sur la tête, puis se frotte dévotement la figure. Ce vieillard s'agenouillait pour la prière, à l'ombre d'un oranger, sur de petits tas de cailloux bien piquants; Abdallahi dut l'imiter. Ce vieillard lui présente un enfant de quatre à cinq ans à qui toutes les prières musulmanes n'avaient pu rendre la vue : les parents repoussent avec horreur l'idée de conduire le malade à la colonie de Sierra-Leone, et de remettre leur enfant aux mains des chrétiens.

Le 7 mai, un violent orage, contre lequel le parapluie du voyageur lui est d'un faible secours, fait entrer Abdallahi dans la case d'une bonne vieille négresse qui s'empresse de lui donner l'hospitalité, et le régale de quelques morceaux de cassave rôtis sur les charbons; ses deux garçons qui reviennent tout nus des champs, apprenant qu'un Arabe allant à la Mecque est chez leur mère, lui rendent aussitôt visite : « Ils s'informèrent de ma santé d'un ton fort doux, et m'engagèrent à partager leur case qui était beaucoup plus grande. Avant de m'emmener chez eux, ils eurent soin d'aller chercher une grande natte pour me couvrir, car la pluie continuait toujours : Ils me firent asseoir dans leur case, sur une peau de mouton, près du feu. Ils m'offrirent un peu de lait aigre que, peut-être, ils réservaient pour leur souper. La bonne mère fit bouillir pour eux et pour elle un peu de foigné (graminée qui croît en abondance en ces montagnes) assaisonné d'herbage, le tout sans beurre et sans sel. Ibrahim m'envoya mon souper de riz au lait : ni les jeunes garçons ni la mère ne voulurent y toucher *parce qu'ils* sont esclaves. Nous fîmes la prière ensemble, et nous nous couchâmes sur des nattes. »

Le 8, la caravane traverse à gué avec bien de la peine une rivière d'une centaine de pas de large, dont l'eau bouillonne sur un lit de granit noir aux roches coupantes et glissantes (le *Bâ-Fing* ou Rivière-Noire, principal affluent du Sénégal).

Viennent ensuite des gorges de montagnes de trois mètres de haut, tantôt couvertes de hautes forêts, peuplées de mille oiseaux aux couleurs éclatantes et de singes rouges, tantôt ne présentant autre chose que des roches nues de granit. Dans l'un des villages de la vaste plaine qui succède à ces monts, arriva la nouvelle qu'un homme de l'endroit avait été tué dans une bataille. « Les femmes du défunt, accompagnées de leurs parentes ou amies, se promenèrent dans les rues en chantant d'une voix glapissante, se frappant tour-à-tour dans les mains et sur le front. Une demi-heure après, ajoute M. Caillié, je les vis reparaître, toutes vêtues de blanc : elles avaient l'air calme et résigné. Elles reprirent aussitôt leurs occupations ordinaires. Les hommes, assis à terre devant la mosquée, paraissaient consternés de la mort de leur camarade, et blâmaient hautement la conduite de leur souverain. »

Le 9 mai, après bien des villages et bien des camps habités par des Noirs esclaves ou par des Foulahs au teint marron-clair, nous arrivons au premier village du Fouta habité par des Noirs libres, par des Mandingues. Les compagnons de voyage d'Abdallahi arrivent chez eux les uns après les autres et la caravane diminue à chaque pas. Chacun, à son retour, s'empresse de faire fête à l'Arabe, et de le montrer à ses femmes et à ses enfants.

Le 10 mai, dans un village peuplé mi-partie de Foulahs et de Mandingues, Abdallahi est conduit devant la mosquée où grand nombre de Mandingues étaient assis par terre autour de deux grandes calebasses pleines de riz pilé, trempé dans l'eau et partagé en poignées ; le tout paré de quelques *noix* de colats ouvertes, roses et blanches. Un marabout fit quelques gestes et prononça quelques paroles ; puis les poignées de riz furent distribuées aux assistants comme une sorte de pain bénit. Les absents eux-mêmes eurent leur part. Abdallahi, assis à terre sur une peau de mouton, en reçut deux morceaux « qu'il lui fut, dit-il, impossible de manger, tant il les trouva fades. » Cette cérémonie avait lieu en l'honneur de deux jeunes enfants à qui l'on avait rasé la tête pour la première fois.

Le même jour, après la station accoutumée, au coucher du soleil pour la prière, les coups de fusil des compagnons d'Ibrahim annoncent son entrée dans son village.

CAMBAYA.

« Une seconde décharge eut lieu dans la cour de mon guide en l'honneur de notre arrivée. La joie était peinte sur tous les visages. Je voyais ces bons nègres embrasser leurs petits enfants, et les presser dans leurs bras..... Les femmes plus réservées avaient l'air timide : en abordant leur mari, elle posaient un genou en terre en signe de salutation, et ne lui adressaient aucune question. Les voisins accoururent en foule féliciter leurs amis sur l'heureuse issue de leur voyage. On tendit des peaux de bœuf dans la cour, et l'on s'assit en ronde au clair de la lune. On causa des circonstances de la route, du prix des marchandises et principalement du sel. » Puis, sitôt qu'on eût aperçu le visage et le costume étranger de l'Arabe, on se demanda de toutes parts « quel est cet homme »? Ibrahim de raconter l'histoire, et les questions de pleuvoir sur le pauvre Abdallahi. A neuf heures, souper de riz et de viande, dévoré aussitôt par une vingtaine d'assistants.

La foule retirée, Abdallahi est appelé par Ibrahim pour partager avec lui une bouillie de mil, et goûter le lait de ses vaches ; puis est pourvu pour sa nuit, d'une peau de bœuf dans la case enfumée d'une des femmes de son hôte (1). La fumée dans toute

(1) « Cette femme était couchée au milieu de la case, entourée de quelques enfants. »

ces cases n'a d'autre issue que le toit recouvert en paille, et du feu y est allumé la nuit, en tout temps ; un plafond de bambous, soutenu sur des piquets plantés en terre, sert à retenir la suie qui retombe continuellement du toit.

Un séjour de deux ou trois semaines permet au voyageur de se reposer de ses premières fatigues, et de voir chez eux ces noirs Mandingues qu'il a eu tout le temps d'étudier en route.

Dès le lendemain, visite au père d'Ibrahim, chef du village. Vieux et aveugle, couché dans sa case sur un banc de terre à six pouces du sol, ce chef se lève sur son séant à l'arrivée d'Abdallahi ; après la salutation musulmane, il lui promène la main sur tout le corps en disant : Arabe, tu es bon. — Visite à tous les amis d'Ibrahim ; excellent accueil de la part de tous. Trois jours après l'arrivée, quelques coups de fusil les appellent dans sa cour pour une distribution de tabac qu'il voulait leur faire. Il est à noter que les Mandingues en font une grande consommation : les femmes ont l'habitude de s'en frotter les dents. Ibrahim distribue aussi quelques aunes de cotonnade à chacune de ses trois femmes : ces largesses lui attirent les bénédictions des vieillards et les louanges des femmes qui sautent autour de lui en chantant.

Pendant les vingt jours que M. Caillié passe à Cambaya, il est logé chez le maître d'école, le saint du village, vieux et pauvre, mais nourri par les riches et servi par les enfants. Quant à ceux-ci, ils apprennent à lire dans l'Arabe du Coran. On n'exige des filles que les premiers versets. Les garçons sont obligés de l'apprendre tout entier par cœur. — Toutes les nuits, vers trois heures du matin, le vieux maître et Abdallahi quittaient ensemble la case enfumée pour aller à la mosquée rendre grâce au Seigneur. La prière faite, Abdallahi revenait s'étendre à terre sur sa natte. Mais le pieux vieillard continuait de prier. Quant aux Mandingues dont il gourmandait en vain la tiédeur, ils ne faisaient la prière qu'à cinq ou six heures et dans leur case.

Le vieux maître d'école tomba malade, Abdallahi devint son médecin et moyennant cinq feuilles de tabac, obtint de l'avare Ibrahim une poule pour sa convalescence. La petite pharmacie du voyageur fut bientôt assaillie de tous côtés; « les uns avaient des ulcères aux bas et aux jambes ou la fièvre ou le mal de ventre. » Ils avaient vu le voyageur donner à Ibrahim quelques prises de *jalap*, tous ils voulaient du *jalap*. Du reste, mêmes importunités pour le tabac, la poudre, les ciseaux, les étoffes. Quant à Ibrahim, il voulait tout acheter.

Malgré les désagréments que ses refus lui attirent quelquefois, le voyageur était parvenu à dissiper tous les doutes, à force d'assiduité tant aux cinq prières, qu'à l'étude et à la récitation du Coran; à force d'empressement auprès des vieillards vénérés. Du reste sa peau était déjà tellement brunie par le soleil qu'on pouvait aisément le prendre pour un Maure. Un seul noir persistait à le traiter de Chrétien : M. Caillié le voyant passer le pria gravement d'écrire pour lui sur sa planchette un verset du Coran qu'il désirait apprendre. Cet homme devint dès-lors son meilleur ami ; il lui donna même quelques griffonnages arabes, précieux talisman qu'Abdallahi dut recevoir avec les marques de la plus vive reconnaissance. Les habitants de ces contrées (les Foulahs surtout qui sont d'une humeur plus belliqueuse que les Mandingues) ne vont pas en voyage ou à la guerre, sans avoir le corps couvert de ces écritures qu'ils regardent comme un bouclier magique.

Le 14 mai, Ibrahim mène Abdallahi aux champs où travaillent ses esclaves. Ils préparaient la terre pour la semence. Les hommes, tout nus sous un soleil brûlant, remuaient la terre à un pied de profondeur avec une pioche à manche court et très-incliné, fabriquée dans le pays et qui est là, comme dans presque tous les pays traversés par notre voyageur, le seul instrument aratoire. Les femmes, à moitié nues, leurs enfants attachés sur le dos, ramassaient des herbes sèches, et les mettaient en tas pour les brûler sur le sol, seul amendement que la terre reçoive en ces contrées. Une pauvre vieille était occupée à faire cuire leur dîner consistant en bouillie de mil sans sel et sans beurre, assaisonnée d'herbages. Le maître à qui la vieille en offrit, n'y voulut pas goûter. M. Caillié apprit que les esclaves ont deux jours de la semaine pour travailler au champ qui est affecté à leur subsistance.

Le 25, un tambour de guerre, fabriqué, à grand'peine les jours précédents par une vingtaine de Mandingues, avec un tronc d'arbre creusé par le feu et une peau de mouton tannée, rempli du reste d'écritures arabes, appelle la commune de Cambaya à un ouvrage qui l'intéresse tout entière ; il s'agit de reconstruire un pont, de quarante pieds de long et six ou sept de large, sur le Tankisso, rivière dont les débordements fertilisent les plaines voisines. Tout le monde y met la main en chantant. Les femmes apportent le dîner de leur mari. C'est une partie de plaisir qui se renouvelle plusieurs jours de suite. Il s'agit tout simplement de gros piquets, plantés très-près l'un de l'autre au milieu du ruisseau ; puis de traverses supportées en partie par les branches d'arbres qui l'ombragent ; puis de troncs d'arbres posés en long sur ces traverses et ajustés par des branchages flexibles. Quelques bâtons de distance en distance servent de garde-fou.

Un évènement important coïncide avec le séjour de M. Caillié dans le village d'Ibrahim : un soir, après la prière, le vieux chef aveugle fait lire à haute voix par un marabout une lettre circulaire arrivée de la capitale (1), « lettre écrite des deux côtés sur un papier large de trois pouces et long de cinq. » Puis le courrier reprit sa dépêche et se remit en route. Il s'agissait de la

---

(1) La ville de Timbo. M. Caillié ne paraît pas avoir aperçu autre chose sur les relations des villages Foulahs et Mandingues avec le gouvernement central.

déposition par les principaux marabouts du marabout régnant, et de la nomination de son successeur. Le vieux chef fit une prière pour le nouveau souverain, puis on parla politique.

M. Caillié affirme que chaque Mandingue est un chef révéré dans sa famille : sa case, placée au milieu des cases de ses femmes, n'a d'autre ornement que ses armes, arcs et flèches, lances ou fusil, accrochés à la muraille; ni d'autre meuble que la peau de bœuf sur laquelle il couche et les jarres contenant la provision de grain de l'année, que le mari distribue par portions à chacune de ses femmes.

Pour les femmes, elles sont, dit-il, très-gaies, nullement jalouses entre elles, très-soumises à leur mari, qui les pourvoit de riz et leur donne à chacune une vache à traire matin et soir. Les parents sont très-indulgents pour les enfants et les enfants sont doux et dociles. L'autorité des vieillards, invoquée seule dans les différends, fait loi.

Quant aux deux populations distinctes de Foulahs au teint marron et de Noirs mandingues, il ne paraît pas que leur réunion sous les mêmes règlements et dans les mêmes villages entraîne aucune discorde, malgré la différence de leurs langues, de leurs habitudes et même de leurs prétentions (1). Du reste, Mandingues ou Foulahs, il nous suffirait d'assister à leurs repas pour comprendre comment sont possibles, au bord du Tankisso, tant de choses qui ne le sont pas au bord de la Seine.

« Ils ont l'habitude d'inviter tous ceux avec qui ils se trouvent ou qui passent auprès d'eux, à partager le dîner que leurs femmes leur apportent. Si l'invité ne s'assied pas auprès de la calebasse, le chef lui donne une poignée de riz qu'il a tournée longtemps dans sa main, puis trempée dans la sauce : cette politesse ne peut se refuser

(1) Un bon vieux Foulah, nommé *Guibi*, voisin d'Ibrahim — qui fit cadeau à Abdallahi d'un gros pain de maïs, au miel et aux pistaches, pour sa route — lui disait souvent *que les Foulahs étaient les blancs d'Afrique.*

sans injure. Une autre politesse c'est, au commencement du repas, de tourner le riz avec la main pour le refroidir. Le chef verse lui-même la sauce sur le riz, mange la première poignée, puis engage les autres à l'imiter. Le repas commence toujours par l'invocation : Bismillah etc. (au nom de Dieu clément et miséricordieux). »

Mais il est temps qu'Abdallahi fasse ses présents d'adieu à Ibrahim qui lui a servi en toute occasion de truchement et d'avocat. Il lui fait un joli cadeau d'ambre, d'indienne, de poudre, de papier, de ciseaux et mouchoirs de soie. En sage Mandingue, Ibrahim prie Abdallahi de n'en parler à personne. M. Caillié donne, en outre, quelques coups de poudre au bon vieux chef aveugle, dont il reçoit la bénédiction accompagnée de recommandations utiles, et fait un petit présent au bon vieux Foulah Guibi, en souvenir de son pain de maïs. Le 30 mai, nous nous remettons en marche. Le Foulah Guibi et le Mandingue Ibrahim reconduisent le voyageur jusqu'au nouveau pont, et le suivent longtemps des yeux, criant par trois fois à tue-tête *Samalécoum* (la paix soit avec toi); puis encore : *Allam kisselak* (Dieu te préserve en route).

Nous voici sur la route de Kankan, ombragée d'arbres *à beurre*, avec une quinzaine de compagnons de voyage. Au noir Ibrahim a succédé le vieux noir *Lamfia*, comme lui accompagné d'une de ses femmes, qui porte la vaisselle et fait la cuisine de la petite caravane. Partout le vieux guide conte l'histoire d'Abdal'ahi. Abdallahi n'est plus un simple Arabe, c'est un homme de la plus haute noblesse musulmane, un descendant direct du Prophète, un *chérif*. Partout le guide sert au chérif d'interprète et de défenseur, avec l'autorité que lui donne son grand âge : autorité qui est souveraine en Afrique.

A une lieue de Cambaya, nous trouvons un village en noces : le chef à qui M. Caillié avait donné le matin de la crème de tartre, épousait, le soir, sa quatrième femme. Le voyageur voit disposer en plein air les apprêts du souper : deux moutons bouillis dans de grands pots de terre : et d'énormes piles de riz cuit à l'eau et pétri en pain de sucre.

La fiancée, selon M. Caillié, s'achète là moyennant un, deux, trois esclaves donnés à sa mère : puis le mariage se consomme sans aucune formalité religieuse, après une fête de nuit dont le mari fait les frais. Toute la nuit les nègres et négresses (esclaves) dansèrent au son d'un petit tambour.

Les orages qui n'avaient pas cessé pendant le séjour à Cambaya, continuent toujours. Le voyageur, perpétuellement mouillé, a bien de la peine à garantir ses notes de la pluie dans le portefeuille de cuir non tanné qui les enveloppe : obligé souvent, à son grand regret, d'étaler ses marchandises pour les faire sécher. Nous traversons ainsi des plaines où le tambour résonne dès le point du jour, et anime les travailleurs. La curiosité que le chérif excite est toujours la même. Son parapluie, qui ne lui est pas toujours inutile contre la pluie ou contre le soleil, commence à jouer un grand rôle. C'est à qui verra comment il s'ouvre et se ferme.

Le 6 juin, nous nous arrêtons au premier village du *Baleya*. Ce village, que le voyageur nomme Saraya, et auquel il donne de sept à huit cents habitants, est, comme la plupart des villages où nous aurons à passer, entouré de deux murs en terre entre lesquels les bestiaux passent la nuit. Les hameaux des esclaves sont seulement entourés de haies vives. Quant aux habitants, ce ne sont ni des Foulahs ni des Mandingues, mais des Noirs anciens possesseurs du pays et assez peu zélés musulmans, que l'on désigne sous le nom de *Dhialonkés*.

Une heureuse rencontre, dans le village suivant, c'est celle du fils du chef de *Kankan*, venu là pour vendre un cheval (c'est la première fois que M. Caillié parle de cheval depuis son départ); Abdalahi-le-Chérif achète aisément sa protection avec une feuille de papier. L'intérieur des cases, construites en paille, est toujours le même, tapissé d'arcs, de flèches et de lances. Celle du chef a pour tout meuble une jarre à mettre de l'eau, une peau de bœuf et quelques nattes. Les habitants, assemblés sous un gros bombax (arbre *à soie*), dansent tous les soirs, à la lumière de la lune, au son d'un petit tambour et d'un flageolet de bambou; ou bien la lance ou l'arc à la main, figurent avec des gestes de menace, de douleur, de triomphe, de sérieuses pantomimes guerrières. Ces peuples, au dire de M. Caillié, boivent *en secret* une espèce de bière fabriquée avec du mil et du miel. Leur corps est tout ruisselant de beurre rance. La plupart des femmes ont pour tout vêtement une *pagne* ou bande de toile de cinq pieds de long sur deux de large qu'elles se tournent autour des reins; elles ne se couvrent les épaules et la poitrine les jours de fête. M. Caillié nous les représente le teint fort noir, les cheveux crépus, ornés de grains de verre et beurrés, le nez légèrement aquilin, avec de grands yeux et des lèvres minces ; « très-douces, et soumises à leurs maris. »

Le 11 juin, nous arrivons, dans le pays d'*Amana*, au bord d'une rivière de huit ou neuf cents pieds de large et de huit à neuf pieds de profondeur, qui coule vers le levant ; cette rivière c'est le *Dhiolibâ*, c'est le Niger. Pour passer deux ou trois cents marchands noirs avec leurs ânes et leur bagage, il n'y avait en tout que quatre bateaux ou pirogues de vingt-cinq pieds de long, sur trois de large et un de profondeur. Il fallut une demi-journée pour que tout le monde fût sur la rive droite : demi-journée pendant laquelle le voyageur, assis au soleil sans abri (1), put contempler à l'aise le fleuve de Mungo-Parke. Vous supposerez sans peine qu'il suivait d'un œil de regret cette eau qui devait arriver avant lui près du but mystérieux de ses longs efforts. Ce passage du Dhioliba (13 juin) offre du reste le tableau le plus animé ; les mar-

(1) Un énorme bombax, seul arbre du rivage, ne pouvait suffire à abriter la foule.

chands noirs, de ceux que l'on nomme *Saracolets*, disputent sur le prix du bac. Tous veulent passer les premiers, et parlent tous ensemble; ils ont du reste toutes les peines du monde à faire embarquer leurs ânes. Aux cris de la rive gauche, répondent en signe de joie les coups de fusil de la rive droite. Pendant ce temps-là, grand nombre de femmes et de jeunes filles se baignent dans le fleuve, sans faire le moins du monde attention aux gens qui les regardent; puis s'en retournent au village de *Couroussa*, une calebasse sur la tête et une pagne autour des reins. Le chef de village dont les esclaves tiennent le bac de Couroussa, fit grâce du passage à M. Caillié en faveur de sa qualité de Chérif.

KANKAN.

Après quatre jours de marche, le long du fleuve, sur des routes inondées et par un soleil brûlant : après quatre nuits de fièvre et d'insomnie sur des roches recouvertes de paille, le voyageur arrive épuisé à la ville chef-lieu de Kankan. Son vieux guide qui avait eu la complaisance de prendre et de fermer le parapluie à l'approche des lieux habités, voulut à toute force qu'il l'ouvrît pour faire son entrée dans sa ville natale. L'arrivée de Lamfia ressemble à celle d'Ibrahim. Toute la famille accourt saluer le chef. Le voyageur est retenu trois jours par la fatigue et par la fièvre, dans la case que lui donne son guide, en commun avec un Foulah de la caravane.

Le chef de la ville, vieillard mandingue, père du jeune cavalier rencontré en chemin par Abdallahi, reçoit très-bien le Chérif, se fait conter au long sa touchante histoire par le vieux Lamfia, et lui promet de le faire conduire à Jenné par la première occasion. Quelques formalités de police africaine, un interrogatoire public, une décision expresse du conseil des vieillards sur la route qu'il lui convient de prendre, donnent une sorte de légalité à son séjour parmi les Noirs de Kankan, lui servent de défense contre les doutes qui pourraient s'élever encore sur la vérité de ses récits, et lui fournissent un précédent dont il pourra se prévaloir, au besoin, dans les autres villes. Lamfia, vieux guide à qui le vieux chef et son conseil de vieillards remettent le voyageur, avait de lui tout le soin possible. « Nous mangions ensemble, dit M. Caillié, et deux fois par jour on nous donnait de très-bon riz, avec une sauce aux pistaches et aux ognons : tous les soirs, il faisait allumer du feu dans ma case. Le jour de mon arrivée, je lui fis cadeau d'une brasse de belle guinée bleue qu'il avait paru désirer, de trois brasses de belle indienne et de six feuilles de papier ; il parut très-content et me remercia beaucoup. Il passait une partie de la journée auprès de moi, occupé à coudre des étoffes du pays. »

Abdallahi fait vendre par le guide un baril de poudre et une pièce de guinée. « Je me défis de ces objets *à soixante pour cent de bénéfice*, parce que je ne voulais prendre pour paiement que de l'or, et que cet article était très-rare dans le pays à cause de la guerre entre Bouré et Kankan qui intercepte toutes les communications. Pour que la vente fût meilleure, le vieux Lamfia écrivit quelques mots arabes sur la planchette consacrée, lava l'écriture avec de l'eau et aspergea de cette eau les marchandises à vendre. »

Le marché de Kankan est fourni par les Noirs voyageurs de marchandises européennes, telles que fusils, poudre, pierres à feu, indienne de couleur, ambre, corail, verroteries, menue quincaillerie, — puis aussi de toiles blanches tissées dans les environs, de poteries en terre grise fabriquées dans le pays ; de volaille, moutons, chèvres, bœufs ; riz, foigné, ignames, cassave, etc. Le sel est (après l'or, sans doute) le premier article d'échange. Quant à l'or (tiré par le lavage, des sables des environs, notamment autour de *Bouré*), il est mis en circulation sous forme de boucles d'oreilles ou bien en petits grains qui tiennent dans un tuyau de plume, et se pèse dans de petites balances très-justes, avec des graines noires sur le poids desquelles les marchands de ce pays ne se trompent jamais.

Le 5 juillet, grande fête musulmane du Salam. Des vieillards en manteau rouge bordé de jaune, à la main droite une lance, sur la tête un bonnet rouge et chantant tous *la il allah*, Dieu est Dieu, etc., attirent la foule des Noirs dans une grande plaine à l'est de la ville. L'assemblée en costume mandingue (large culotte, blouse sans manche et bonnet pointu) est bigarrée par quelques habits rouges de soldats anglais, de vieux manteaux et de vieux chapeaux européens, autres défroques dépareillées : au reste, tous les hommes étaient armés de fusils, de lances, d'arcs et de flèches : au moment de la prière, chacun mit ses armes à terre. A chaque instant arrivaient des vieillards à manteau rouge, suivis d'une foule de Noirs. Peu après, parut le chef, à cheval, précédé d'un drapeau de taffetas rose, escorté de deux ou trois cents Mandingues, rangés en haie et tous armés de fusils. Le *chef de la religion* venait ensuite avec une nombreuse garde et précédé d'un drapeau de taffetas blanc, avec un morceau rose, en cœur, au milieu. Cet homme avait sur les épaules un manteau de belle écarlate, garnis de frange et de galons en or : cadeau du major Peddie qui, lors de son départ pour l'intérieur de l'Afrique, envoyait de tous côtés des présents aux chefs pour se les rendre favorables. Les vieillards à manteaux rouges avaient pris modèle sur celui de leur prince en Mahomet. Deux gros tambours pareils à celui de Cambaya conduisaient la fête. « L'*Almany* fit la prière avec beaucoup de piété; il paraissait très-recueilli. C'était un spectacle frappant de voir une aussi grande assemblée se *prosterner* pour adorer Dieu. Après la prière, les vieillards formèrent un dais avec des pagnes blanches. L'Almany se plaça sur un petit siége que l'on avait apporté exprès; il fit une longue lecture en Arabe, que *bien certainement personne ne comprenait.*

« Cette lecture finie, le vieux chef de la ville ayant à côté de lui un homme qui répétait à haute voix ce qu'il disait, appela l'attention de ses concitoyens sur les changements de direction que la guerre de Bouré devait apporter dans leur commerce... Les femmes assistèrent à la fête, se tenant à une distance respectueuse des hommes. Après la cérémonie, on immola l'agneau pascal pour se régaler le reste du jour. »

Le voyageur qui s'était déjà aperçu qu'on avait touché à son papier, reconnut le lendemain de la fête que ses plus belles verroteries et un rasoir avaient disparu de son bagage. Le voleur était le vieillard même qui l'avait si bien soigné et protégé jusquelà. Cette affaire fit du bruit : Lamfia proposa l'épreuve du fer rouge sur la langue; le chef et le conseil des vieillards lui imposèrent silence, mais déclarèrent en même temps qu'il n'y avait pas lieu à le punir, faute de preuve directe contre lui. Abdallahi avait transporté ses effets chez un bon vieil Arabe établi dans le pays; mais le conseil des vieillards prenant en considération l'extrême pauvreté de cet homme hospitalier, donnèrent pour hôte au Chérif un Foulah très-riche et très-dévot (1). Ses effets visités, ses étoffes mesurées furent mis prudemment dans un magasin fermant à clef.

(1) Cet homme, riche en troupeaux de bœufs à bosse et de vaches, possédait le plus beau cheval que M. Caillié ait vu dans cette partie de l'Afrique : il l'avait en moyennant *cinq Noirs* et *deux bœufs*. Le prix courant d'un esclave à Kankan est d'un baril de poudre de vingt-cinq livres, un mauvais fusil et deux brasses de soie rose. Un Mandingue qui possède une dizaine d'esclaves n'a plus besoin de voyager.

Comme on pouvait s'y attendre, Lamfia ne tarda pas à démentir tout ce qu'il avait affirmé ; et bien que la colère du vieillard inspirât d'abord peu de confiance, ces dénégations ne pouvaient manquer d'agir peu-à-peu. La place n'était pas tenable pour Abdallahi, malgré son assiduité aux dévotions prescrites. Toutefois, bien nourri, passablement logé, il dut, malgré ces désagréments, trouver ses derniers huit jours supportables : il avait le plaisir de partager tous les soirs avec le pauvre vieil Arabe *Mohamed*, le souper du riche Foulah.

Le 16 juillet, après un mois de repos, le voyageur laisse à son hôte le petit pot de ferblanc dans lequel il buvait, et reçoit sa bénédiction. Le bon vieil Arabe reconduit Abdallahi au-delà de la petite rivière qui coule à l'est de la ville, et avant de se quitter pour ne se plus revoir ; le jeune homme et le vieillard cassent en deux une *noix de colats* qu'ils mangent ensemble.

La petite caravane, composée d'une quinzaine de Mandingues ou de Foulahs, profite de l'obscurité pour traverser des bois infestés de brigands. « Marchant très-vite et dans le plus grand silence, dans des herbes si hautes qu'elles dépassaient nos têtes, nous fûmes surpris par la pluie; pour comble de malheur, la nuit devint très-obscure, nous avancions sans savoir où poser le pied. Vers huit heures, ayant perdu la trace de la route, nous fûmes obligés de nous arrêter, et, assis à terre, de recevoir la pluie sur le dos sans oser ni tousser ni cracher.

« Lorsque la pluie eut cessé, un de nos compagnons déchira un morceau de sa pagne, la mit en charpie, y mêla un peu de poudre, puis plaçant cette préparation dans le bassinet de son fusil, il obtint du feu. Quelques branches d'arbre coupées nous firent une cahute. Mais les essaims de moustiques ne nous laissèrent pas de repos. Deux de nos compagnons armés de poignards et de lances allèrent à la recherche de l'eau. Le feu allumé non sans peine, nous fîmes griller quatre ignames et quelques pistaches pour notre souper; puis nous nous étendîmes auprès du feu sur des feuilles d'arbre toutes mouillées. » Le voyageur a tout le temps de réfléchir aux difficultés que la saison des pluies lui prépare, dans le silence de cette longue nuit; silence qu'interrompent seuls le chant de quelques oiseaux nocturnes et le coassement des grenouilles.

Le voyageur marche plusieurs lieues de suite avec de l'eau à mi-jambe sur des routes inondées, et compte huit petites rivières passées à gué en un seul jour. La pluie l'empêche de mettre ses sandales; il a bientôt le talon du pied gauche écorché. Il arrive ainsi le soir au premier village du Ouassoulo.

Les habitants (Foulahs au teint marron-clair, mais étrangers aux croyances et aux pratiques musulmanes) sont d'une grande malpropreté, d'une extrême douceur et d'une gaîté perpétuelle. La musique qui anime leurs danses, la moitié de la nuit, se compose de cornes droites de bois creux recouvertes, à l'extrémité la plus large, d'une peau de mouton, et percées d'un petit trou sur le côté ; d'une grosse caisse, d'un tambour de basque et d'un cliquetis d'anneaux de fer : les musiciens se distinguent par leurs panaches de plumes d'autruche et leurs franges de plumes de pintade. Quelques-uns agitent de gros haricots dans une sorte de casserole de bois, recouverte d'un filet. Les musiciens se promènent à la file : les femmes et les garçons suivent en dansant et frappant dans leurs mains.

Ce qui frappe le plus le voyageur dans les fertiles plaines du Ouassoulo, c'est le travail des champs, accompli par des mains libres. « Je voyais, dit-il, beaucoup d'ouvriers répandus dans la campagne qui piochaient la terre et la remuaient aussi bien que nos vignerons en France ; ce ne sont plus les esclaves des Mandingues qui se contentent d'effleurer le sol pour détruire les mauvaises herbes, mais de vrais laboureurs qui se donnent de la peine pour avoir une belle et abondante récolte. Ils en sont bien récompensés, car leur riz et tout ce qu'ils cultivent, croît plus vite et produit davantage...

« Je les ai vus labourer le champ qui venait d'être récolté pour l'ensemencer de nouveau. Les femmes étaient occupées à sarcler les beaux champs de riz dont la campagne est couverte... Je fus étonné de trouver dans l'intérieur de l'Afrique, l'agriculture à un tel degré d'avancement : leurs champs sont aussi bien soignés que les nôtres, soit en sillons, soit à plat, selon que la position du sol le permet par rapport à l'inondation.

« Je remarquai du riz en épi, à côté de celui qui ne faisait que sortir de terre. La campagne est généralement très-découverte ; les cultivateurs ne réservent parmi les grands végétaux que l'arbre à beurre et le nédé qui sont très-répandus et de la plus grande utilité. Je n'ai pas vu comme dans le Fouta et le Buleya des arbres coupés à quatre ou cinq pieds de terre. Les Foulahs du Ouassoulo ont soin d'arracher le pied et ne laissent rien en terre qui puisse leur nuire. »

Ces Foulahs font peu de commerce ; et pour eux, infidèles, voyager à travers les villages musulmans, ce serait s'exposer infailliblement à y être retenus comme esclaves.

« J'ai cherché, dit M. Caillié, à découvrir s'ils ont une religion, s'ils adorent ou les fétiches, ou la lune, ou le soleil, ou les étoiles ; je ne les ai vus pratiquer aucun culte et je crois qu'ils vivent insouciants à ce sujet et ne s'occupent que très-peu de la divinité. »

Autant les Musulmans de Kankan sont propres, autant les Foulahs du Ouassoulo, si industrieux! sont sales et dégoûtants. Leurs habits jaunes ou noirs ne sont jamais lavés. Le nez plein de tabac, la peau infectée de beurre rance, la figure tailladée et les dents limées, ils sont tous robustes et bien portants ; leur culture et leurs bestiaux fournissent abondamment à leur subsistance : la nourriture des esclaves des Mandingues leur suffit : la viande est, chez eux, réservée pour les jours de fête et le sel est de luxe. Les femmes fabriquent elles-mêmes leur vaisselle de terre, filent et tissent le coton. Elles mettent un genou en terre lorsqu'elles présentent quelque chose à leur mari. Les hommes portent comme les femmes des bracelets aux mains et aux pieds, des colliers de verre et des boucles d'oreille, tressent comme elles leurs cheveux enduits de beurre. Ce sont eux qui élèvent la volaille et donnent les premiers soins aux poulets. Des chiens gardent les habitations séparées de chaque famille.

Le 21 juillet, à deux heures de l'après-midi, Abdallahi rend visite au chef du Ouassoulo qu'il trouve couché dans sa case auprès de son chien (d'une espèce à oreilles longues, museau pointu, poil rouge). Ce chef, chez lequel M. Caillié remarque une théière en étain, un plat et plusieurs bols de cuivre qui lui paraissent d'origine portugaise, avait une très-grande boucle d'oreille en or à l'oreille gauche et point à la droite. Il use de tabac en poudre et à fumer comme ses sujets et est aussi malpropre qu'eux. Sa case est tapissée d'arcs, de flèches, de carquois, de lances, de deux selles pour ses chevaux et d'un grand chapeau de paille. Le même jour, il reçoit le voyageur dans son écurie, assis sur une peau de bœuf auprès d'un beau cheval. « Il nous fit asseoir à côté de lui et me donna quelques noix de colats. Il distribua devant nous à quelques-unes de ses femmes des ignames que l'on venait de récolter. » Ce chef qui n'est pas plus que ses sujets astreint aux restrictions du Coran, a beaucoup de femmes : chacune d'elles a sa case particulière, ce qui forme un petit village. — Ses sujets lui font souvent des *cadeaux* en bestiaux.

Nulle part, le voyageur ne reçoit plus de compliments et un plus cordial accueil (1). « C'est un blanc, disent-ils en ouvrant de grands yeux, ah ! comme il est bien ! » La longueur de son nez étonne presque autant

(1) Un chef de famille va même jusqu'à lui donner un mouton.

qu'elle réjouit. Tous les soirs, M. Caillié les voit allumer des poignées de paille, et contempler le blanc, demandant au guide si cette blancheur de peau est bien naturelle. Le parapluie du voyageur excite presque autant leur curiosité que sa personne. Ils ne peuvent concevoir comment on peut à volonté ouvrir et fermer cette machine : ceux qui l'ont vue courent avertir leurs voisins, et la case où loge le voyageur ne désemplit pas.

J'omets, comme vous pensez, les nombreuses rivières que nous avons à passer, le plus souvent à gué, quelquefois sur des ponts à moitié démolis ; quelquefois aussi dans des bateaux formés tout simplement de troncs d'arbre assemblés côte à côte avec des lianes ; à l'un de ces passages dans un bateau de ce genre qui faisait eau comme un panier, le guide d'Abdallahi, noir Mandingue d'une douceur et d'une piété bien rare entre ses pareils, *Arafanba*, chantait à haute voix les prières du Coran.

Le 27 juillet, nous arrivons à *Sambatikila*,

village de noirs musulmans isolé au milieu de villages de noirs *Bambaras*, qui parlent Mandingue comme les Ouassoulos, et sont comme eux non pas sans superstition, mais sans culte : du reste, aussi sales. Le vieux chef musulman, habillé en Arabe, la tête couverte d'un turban à raies rouges et blanches, reçoit Abdallahi, couché dans sa cour, sous un petit hangar. « Il se mit sur son séant, dit M. Caillié, et me tendit la main avec les salutations d'usage. Après m'avoir touché, il se porta la main sur la poitrine et sur la figure, car il est très-religieux et plein de confiance dans la sainteté des Arabes. »

Mais la table de ce fervent islamiste était très-mal servie. Il avait interdit le marché sous prétexte qu'il dérangeait la prière. Ses fils s'informaient bien si le voyageur avait de l'eau chaude pour les ablutions, mais non s'il avait de quoi manger.

La famine menaçait ce malheureux pays; on ne faisait plus qu'un repas par jour. Les noirs mandingues de Sambatikila, sous prétexte d'étudier le Coran, aiment mieux se passer de déjeuner que de travailler de leurs mains à la terre.

Malgré ce jeûne forcé, dont le voyageur eut en passant sa bonne part, ils étaient tous joyeux et ne manquaient jamais d'aller, tous les matins, chanter les louanges de Dieu et du Prophète. Le vieux chef lui-même avait bien soin de chanter de temps en temps.

Le prix courant d'un esclave est là de trente briques de sel (de dix pouces de long, trois de large et deux d'épaisseur); ou bien d'un baril de poudre, avec huit masses de verroterie marron-clair; ou bien encore d'un fusil avec deux brasses de taffetas rose.

Chassé par la famine, M. Caillié se remet en route le 2 août, avec une plaie au pied gauche. Le vieux chef lui recommande instamment de ne pas l'oublier auprès des vénérables chéiks de la Mecque, et tire d'un vieux chiffon un petit bracelet d'argent qu'Abdallahi lui paie avec un morceau d'indienne de couleur, du papier et quelques grains de verre.

Un Foulah et trois Mandingues reconduisent le voyageur à demi-lieue de là : entre autres le bon et pieux Mandingue Arafanba, que nous laissons à Sambatikila.

Le 3 août, après un jour et demi de marche, par la pluie, au milieu de grandes herbes et de buissons ou bien dans les bourbiers de villages idolâtres, le voyageur arrive avec la fièvre et le frisson à un autre petit village de noirs musulmans, ombragé de bombax et de baobabs : à *Timé*. Une bonne vieille négresse lui offre l'hospitalité : Abdallahi s'endort à terre, sur une natte, auprès du feu.

TIMÉ.

Les pluies qui continuent d'inonder le pays, la plaie de son pied, la crainte d'être obligé de rester en route en quelqu'un des villages idolâtres qui restent à traverser, font prendre au voyageur la résolution de passer le mois d'août à Timé, *sous la protection de Mahomet* et d'un vieux chef vénérable. Du reste, un marché, tenu une fois la semaine et approvisionné de tout, hors de sel, le rassurait ici sur la subsistance. La bonne négresse lui apportait elle-même deux fois par jour, une petite portion de riz et de mil bouilli.

Toutefois, le voyageur, habitué à des maisons pourvues de cheminée et de fenêtres, n'est pas très à son aise dans sa case de terre, à travers laquelle filtre la pluie fine et froide qui tombe sans interruption, enfermé qu'il est dans un bain de vapeur et de fumée. Les Mandingues passaient le temps à coudre leurs habits, et les femmes, sur qui tombe toute la peine, vaquaient au dehors à la provision d'eau et de bois, pieds nus dans la boue des chemins.

La plaie du voyageur ne guérissait pas. Une seconde plaie se déclara à la fin d'août: le mois de septembre amenait chaque jour un orage et des torrents de pluie. — A mesure que les pluies cessent, en octobre, les chaleurs augmentent. La plaie du voyageur allait mieux : ses hôtes, après lui avoir prodigué tous les soins (payés du reste en étoffes, ciseaux, tabac, sel, etc.), après avoir épuisé à son service toutes leurs connaissances médicales et tous leurs secrets religieux, tels, par exemple, que la tisane toute puissante obtenue par le lavage d'un griffonnage arabe ; ses hôtes, de plus en plus exigeants et maussades, pressaient assez clairement son départ. Les importunités des femmes ne lui laissaient pas de repos. Enhardies peu-à-peu, elles assaillaient en foule sa case pour avoir des grains de verre, contrefaisaient ses gestes, ses paroles, sa maladresse à manger la bouillie sans cuillère; riant aux éclats non-seulement de la longueur de son nez, mais même des cataplasmes qui recouvraient sa jambe et de la difficulté de sa marche (1).

Mais un plus grand malheur le menaçait : laissons parler M. Caillié lui-même. « Vers le 10 novembre, après plus de trois mois de séjour, la plaie de mon pied était presque fermée; j'avais l'espoir de profiter de la première occasion et de me mettre enfin en route pour Jenné, mais hélas ! à cette même époque de violentes douleurs dans la mâchoire m'apprirent que j'étais atteint du

---

(1) « Je demandais à Baba (l'un des fils de la bonne vieille hôtesse), pourquoi il ne plaisantait jamais avec ses femmes; « c'est, répondit-il, que je n'en pourrais plus rien faire : elles se moqueraient de moi quand je leur *commanderais* quelque chose. » Les hommes en effet ne leur parlent qu'en maîtres, et répondent par des coups de fouet à leurs criailleries. Elles n'oseraient lever la main pour se défendre.

scorbut, affreuse maladie que j'éprouvai dans toute son horreur. Mon palais fut entièrement dépouillé, une partie des os se détachèrent; mes dents semblaient ne plus tenir dans leurs alvéoles. Je craignais que mon cerveau ne fût attaqué par la force des douleurs que je ressentais dans le crâne. Je fus plus de quinze jours sans trouver un quart d'heure de sommeil. Pour comble de douleur, la plaie de mon pied se rouvrit et je voyais s'évanouir tout espoir de partir. Que l'on s'imagine ma situation! seul dans l'intérieur d'un pays sauvage, couché sur la terre humide, sans autre oreiller que le sac de cuir qui contenait mon bagage, sans autre garde ni médecin que la bonne vieille négresse qui, deux fois par jour, m'apportait un peu d'eau de riz; je devins un véritable squelette et finis par inspirer de la pitié aux ricuses elles-mêmes..... Au bout de six semaines, je commençai à me trouver mieux. »

Son hôte qui l'avait négligé, lui amène, par un retour de pitié, une vieille femme qui le traite à la manière du pays et le guérit. Vers le milieu de décembre, il put aller avec un bâton, se ranimer au soleil, au rendez-vous des vieillards.

Enfin, après bien des obstacles trop longs à redire, le départ avec l'un des fils de la bonne vieille est fixé à la première quinzaine de janvier. La veille du départ est marquée par une bruyante solennité : un jeune noir célébrait les funérailles de sa mère. La *fête*, animée par un grand luxe de musique, par des danses processionnelles, des psalmodies lugubres, par une pantomime guerrière et force coups de fusil, se termine par un copieux repas suivi de danses.

Le 9 janvier 1828, après les petits cadeaux d'usage, le voyageur encore faible, se remet en route, au bruit des sonnettes que portent à la ceinture les Mandingues avec lesquels il part. Les arbres avaient en partie perdu leurs feuilles et les herbes avaient été arrachées pour le chauffage.

Une trentaine de négresses ouvrent la

marche, la tête chargée de noix de colats; suivent à la file, quarante à cinquante noirs également chargés; le cortége est fermé par une quinzaine d'ânes que conduisent huit chefs. Aux haltes, les femmes broient le mil et font chauffer l'eau pour le bain habituel des hommes. Les noirs esclaves sont chargés de l'approvisionnement de bois : quant aux noirs libres, ils se couchent en attendant le souper ou bien échangent quelques *noix de colats* contre la monnaie du pays (1) qu'ils amassent pour l'achat du mil, et qui leur sert aussi pour payer les *droits de passe*. Leur grande affaire après le repos, c'est de visiter leur charge de noix de colats et d'y mettre des feuilles fraîches.

De janvier en mars, pendant deux mois de marche *vers le nord*, interrompue par un seul jour de repos, le voyageur traverse à peine quelques villages de noirs musul-

(1) Cette monnaie est une petite coquille de celles que nos classifications appellent des *porcelaines*, et que les Africains nomment des *Cauris*.

mans ; partout il rencontre des *Foulahs Bambaras*, simples et inoffensifs, presque nus, parés de coquillages, insouciants de l'avenir, toujours en fêtes, souvent enivrés sans scrupule de mil fermenté, passant la moitié des nuits à danser, hommes et femmes, en rond, autour d'un grand feu : — pleins de respect du reste pour les pratiques musulmanes et de foi à la toute puissance de l'écriture arabe. A cela près, ils paraissent très-indifférents aux questions théologiques, et ne s'occupent nullement de création ou de vie à venir ; pour eux, point d'animaux *impurs* : des petites pattes de souris dans leurs sauces apprennent au voyageur que ces peuples trouvent tout simple de manger les ennemis de leur mil, pris au piége dans leurs jarres de terre ; ils engraissent aussi par troupeaux des chiens pour la table.

Leur insouciance des choses de l'autre monde s'étend à celles de celui-ci ; ils sont très-malpropres, logent dans des cahutes de terre que chauffe comme un four le feu qu'ils y entretiennent en tout temps, et d'où la fumée (qui n'a plus même un toit de paille pour issue) chasse perpétuellement le voyageur, réduit à coucher à la belle étoile.

Du reste, les marchés, sur le chemin, sont assez bien pourvus des choses nécessaires. Dès le 16 janvier, les petites coquilles deviennent indispensables. Elles représentent à-peu-près partout un demi-centime. Une belle poule coûte quatre-vingts de ces coquilles (1).

Les provisions de grains et de racines, principalement de riz et d'ignames, exposées partout en plein air dans de petits magasins en paille, sans autre défense que quelques chiffons d'écriture arabe, attestent assez et l'abondance des vivres, conséquence du sol, et la confiance réciproque des musulmans et des infidèles. Toutefois, il

---

(1) Ces peuples ne comptent pas comme nous par *centaines*, mais par *quatre-vingtaines*. Le nombre *cent* se dit chez eux : *une quatre-vingtaine-et-vingt*.

ne faudrait pas exposer de même des verroteries, des ciseaux, etc. Le voyageur qui, lui aussi, étale au marché sa petite boutique a bien soin de ne pas leur montrer beaucoup d'étoffe ou de verroterie à la fois.

Une particularité bien sensible après le brutal asservissement des femmes à Timé, c'est que, dans les villages Bambaras, les femmes viennent s'asseoir à côté des hommes et, *tout en filant le coton*, prennent part à la conversation (1).

A part l'autorité universelle des vieillards, le seul magistrat, aperçu par le voyageur, c'est un homme enfermé dans une sorte de sac noir à coulisse, les mains et les pieds

---

(1) Une autre particularité qui distingue cette région, c'est la mode que suivent la plupart des femmes d'avoir un *morceau de bois* (de la largeur d'une pièce de un franc et très-mince), incrusté dans la chair, au-dessous de la lèvre inférieure. Les petites filles en ont un de la grosseur d'un pois qu'elles changent successivement pour un morceau plus grand.

Ailleurs, le morceau de bois est remplacé par une pointe d'étain de deux pouces de long et de la grosseur d'un tuyau de plume, retenu dans la bouche par une petite plaque du même métal.

nus, la tête ornée de plumes d'autruche blanches, avec quatre ouvertures garnies d'écarlate pour les yeux, le nez et la bouche. Cet homme assis, un fouet à la main, à l'entrée des villages, auprès d'un tas de petites coquilles, recevait les droits de passe. Le fouet de cet étrange douanier était aussi chargé de la police des rues.

Le 19 janvier (à *Tongrera*, l'un des principaux villages musulmans), le voyageur perd l'espoir d'aller à Jenné. La caravane se dirige d'un autre côté. Mais quatre jours après, il a la joie de lui voir reprendre sa première direction. A Tangrera, M. Caillié voit piler du tabac par des noirs esclaves, non plus vert comme dans les villages précédents, mais de couleur marron-clair et d'une très-bonne odeur.

La caravane, grossie en route, n'était pas alors de moins de cinq cents noirs ou négresses et de quatre-vingts ânes ; comme toutes les contrées traversées jusqu'ici par M. Caillié, cette partie de l'Afrique abonde en arbres à beurre et en nédés ; en avançant vers le nord, le baobab devient moins commun et l'arbre à soie le surpasse en grosseur. Les *ronniers* atteignent en plusieurs endroits une hauteur prodigieuse.

A l'approche du royaume de Jenné, la caravane, intimidée par des bruits de guerre, prend une attitude de défense. Les hommes aux charges de colats, tous armés d'arcs et de flèches, se placent à l'avant-garde; les vieillards et les ânes restent en arrière, les femmes au centre.

Enfin, nous entrons, le 21 février, sur le territoire du dévot et belliqueux roi de Jenné, qui, laissant aux esclaves la culture de la terre et les ouvrages manuels, et le commerce aux Arabes et aux noirs, s'occupe exclusivement, lui et les siens (Foulahs graves et fiers), de l'étude du Coran, et ne travaille qu'à la propagation de la foi musulmane, à l'agrandissement du patrimoine du Prophète : imposant à tous ses voisins des tributs ou des mosquées.

Abdallahi reçoit partout la bénédiction de ces propagateurs de l'islamisme. En les quittant, il leur soufle sur la main, et, eux, s'empressent de la reporter à leur visage en remerciant Dieu. Au reste, plus de musique ni de danses : plus d'autre chant que les lentes et lugubres psalmodies du Coran. Aux cahutes rondes de terre ou de paille succèdent des constructions carrées en briques jaunes, séchées au soleil. La cherté croissante des vivres annonce le voisinage d'une grande ville ; l'abondance du poisson frais, annonce celui d'une grande rivière. Jusqu'ici M. Caillié n'avait pas encore rencontré un seul mendiant.

Le seul fait qui fasse évènement dans les souvenirs de la route, c'est une querelle du vieux Kaimou, chef ou doyen d'âge de la caravane, avec sa femme. Le mari en vint aux coups, et, chose inouïe dans ces contrées, la femme se permit de résister à son seigneur et maître. Toutefois au bout de trois ou quatre jours, les époux cassèrent une noix de colats qu'ils mangèrent ensemble.

Le 10 mars, nous nous retrouvons de

nouveau en face des eaux blanchâtres du Dhioliba, ou du moins d'une branche de ce fleuve, qui ne paraît guère avoir, là, que cinq cents pieds de large, et coule lentement au nord-est. Il faut traverser deux autres branches (dont une à gué) pour arriver à la ville de Jenné, qui forme une île enclavée dans une île beaucoup plus grande. M. Caillié arrive à Jenné (1), le 11 mars, dans l'après-midi.

JENNÉ.

« Il y avait plusieurs noirs sur le rivage ; mon guide s'adressa à l'un d'eux pour lui demander un logement : c'était un Mandingue d'assez bonne mine ; il nous conduisit dans sa maison. » Le vieux Kaimou et sa

(1) *Jenné* ou *Djenné*, ou *Dhienné*.

suite s'installent aussitôt dans les magasins du rez-de-chaussée : Abdallahi, en qualité d'Arabe, est logé dans une chambre haute.

Le vieux guide, en conduisant le voyageur à cette chambre qui n'a qu'une natte pour tout meuble, le félicite de l'heureuse issue de son voyage, et lui rappelle ses services. Abdallahi reconnaissant le comble de joie avec une paire de ciseaux, deux aunes d'indienne de couleur, trois feuilles de papier et trente grains de verroterie rouge : valeur de cinq francs en France ; joignez à ces largesses quelques petits cadeaux d'étoffe pendant la route, et vous rappelant que le guide avait défrayé le voyageur d'une partie de sa nourriture durant six semaines, convenez qu'il est difficile de voyager à meilleur compte.

Le lendemain, présentation d'Abdallahi à quelques riches Arabes du lieu, qui le conduisent avec son vieux guide et son hôte chez un Chérif. Là, récit circonstancié du voyage et de ses motifs ; questions sans fin sur les chrétiens, sur leurs usages et surtout sur leurs méfaits.

L'interrogatoire terminé, le Chérif dit à l'hôte d'Abdallahi de le conduire chez le chef de la ville : ce chef, Foulah de la famille royale, très-âgé, très-gros et presque aveugle, caché d'abord derrière une porte, qui s'ouvre à l'arrivée d'un Arabe, se fait raconter l'histoire d'Abdallahi, et décide qu'il restera chez le Chérif jusqu'à ce qu'une occasion se présente pour aller à Tombouctou.

Le pélerin arabe, qui s'est dit de riche famille, a presque aussitôt deux hôtes : le Chérif qui lui envoie régulièrement deux bons repas; et certain autre Arabe qui lui donne un petit corridor et une natte dans une maison qui servait à la fois de logement aux esclaves et de magasin aux marchandises. Dès le second jour, un adroit barbier lui rase religieusement la tête. Voici, du reste, un échantillon de la sensualité Jennéenne.

« Le 16 mars, vers quatre heures, on me fit appeler chez le Chérif; la vente de mes marchandises (vente de corail, d'ambre, de verroterie, d'étoffe (1), dans laquelle les deux hôtes d'Abdallahi se départirent un peu de leur délicatesse habituelle) l'avait très-bien disposé en ma faveur. J'entrai dans une grande chambre assez propre, éclairée par une ouverture à la voûte : une lampe où l'on brûle du beurre végétal était accrochée par une corde au plafond. Un matelas, tendu par terre sur une natte, un chandelier en cuivre de fabrication européenne, avec une bougie du pays et une petite armoire creusée dans le mur et fermant avec une serrure comme les nôtres, composaient tout l'ameublement. Quelques sacs de grain étaient debout dans un coin de la pièce. Je montai par un grand escalier sur la terrasse où je vis plusieurs petites galeries à compartiments, sans meuble. On me fit asseoir auprès d'une natte, sur un petit coussin rond en cuir. Je me trou-

(1) « Le produit de cette vente était évalué à trente mille cauris. Le chérif acheta pour moi de l'étoffe du pays pour cette valeur : il me dit qu'elle se vendait très-bien à Tombouctou. »

vai en compagnie de sept Arabes et d'un noir, marchands de Jenné.

« Le Chérif fit apporter, au milieu de nous, une petite table ronde, ornée symétriquement de plaques d'ivoire et de cuivre, et que je pris d'abord pour une table de jeu, quand un grand plat d'étain, couvert d'un énorme morceau de mouton aux ognons, m'apprit le motif de ce rendez-vous. Le Chérif tira d'un panier couvert de petits pains d'une demi-livre, faits avec de la farine de froment et du levain, qu'il distribua par morceaux, et que je trouvai délicieux. Nous mîmes tous les doigts au plat, mais avec une sorte de politesse. La conversation fut assez gaie, les pauvres chrétiens en firent tous les frais.

« Après le repas, vint le thé. Le Chérif étala ce qu'il avait de plus beau, et ne manqua pas de faire voir au noir sa supériorité. Nous étions servis par une jeune et jolie négresse esclave. On apporta dans une boîte un petit service en porcelaine que le Chérif posa sur un plateau en cuivre. Les tasses, très-petites, nous furent données dans des soucoupes à pied, de la forme d'un coquetier. Nous prîmes chacun quatre de ces tasses de thé avec du sucre blanc et après le dîner, dont le Chérif avait très-bien fait les honneurs, nous allâmes faire un tour de promenade au bord de la rivière. Nous nous assîmes sur le rivage pour voir passer les pirogues; puis nous fîmes la prière tous ensemble, car il était trop tard pour aller à la mosquée.

« 18, on salua la nouvelle lune par … … …rge de mousqueterie, et le 19 … … le jeûne du Ramadan, » jeûne appare… qui ne ressemble en rien à l'impitoyable austérité des bords du Sénégal : simple interversion d'habitudes qui consiste à faire de bons repas la nuit et à dormir le jour.

La ville de Jenné est entourée d'un mur d'enceinte, qui, selon M. Caillié, peut avoir trois kilomètres de tour environ, et enferme une population de huit à dix mille âmes. Bâtie sur un terrain d'alluvion, de nature argileuse et rougeâtre, elle est préservée des inondations périodiques du fleuve par son élévation de sept à huit pieds au-dessus des eaux. Les maisons aussi grandes que celles des villages de France, sont construites en briques rondes, séchées au soleil; les plus hautes n'ont qu'un étage; elles sont toutes à terrasse, et ne reçoivent de jour que sur les cours. Leur unique entrée est pourvue d'une porte en planches qui paraissent avoir été faites à la scie : cette porte est fermée, en dedans, avec une double chaîne de fer et en dehors avec une serrure de bois du pays ou bien un cadenas européen. Les rues étroites et tortueuses sont exactement balayées chaque jour. Le seul édifice qui se fasse remarquer au milieu de toutes ces terrasses à peu près pareilles, est une grande mosquée en terre, dominée par deux tours massives, peu élevées et abandonnées aux hirondelles. La prière se fait dans une cour extérieure. Quelques baobabs, dattiers, ronniers y sèment un peu de verdure sur un fonds rougeâtre.

De la terrasse de sa maison, le voyageur ne voit au loin qu'une campagne découverte, des marais à perte de vue et à l'ouest une branche du fleuve.

Le marché de Jenné est assez bien approvisionné de marchandises d'Europe, la plupart de fabrication anglaise ; verroterie, faux ambre, faux corail, soufre en bâton, poudre, pierres à feu, fusils, quincaillerie, écarlate, toile de coton, etc. Des bouchers y étalent la viande fraîche ou fumée. Les marchands vont aussi criant par les rues les noix de colats, le miel, le beurre végétal et animal, le lait, le sel, le bois à brûler apporté par les femmes de quatre et cinq lieues. Le chaume de mil se vend de même en détail pour la cuisine. Les principaux commerçants sont les Arabes qui, au nombre de trente ou quarante, occupent les plus belles maisons de la ville, et font tenir leurs boutiques par leurs esclaves. Assis sur une natte, devant leur porte, à côté des planches de sel qu'ils étalent, ils accaparent sans peine par leurs correspondants tous les articles recherchés, laissant aux Foulahs maîtres du pays et aux Mandingues le commerce des choses communes. Entre les choses qui se vendent au marché de Jenné, il faut compter les hommes, les femmes, les enfants. « Je les ai vus, dit M. Caillié, promener tout nus dans les rues; on les criait à 25, 30 ou 40 mille cauris, suivant leur âge. » Du reste, le voyageur paraît avoir reconnu que les noirs esclaves sont beaucoup mieux traités par les noirs, les Foulahs ou les Arabes qu'ils ne le sont par les blancs dans nos colonies d'Amérique. « De Jenné à Tombouctou, dit-il, la plupart des esclaves sont des domestiques de confiance qui, en l'absence de leur maître, gardent la maison ou bien emballent les marchandises et les portent aux embarcations. »

M. Caillié est surtout frappé du mouvement commercial et industriel qui règne dans la ville, mouvement auquel il n'est plus habitué depuis longtemps. Le rigide Foulah, *Ségo-Ahmadou*, dont Jenné était la capitale, importuné par ce mouvement même, qu'il se soucie assez peu d'arrêter par ses guerres perpétuelles contre les infidèles d'alentour, jugeant que tout ce bruit détournait les vrais croyants de leurs devoirs, s'est fondé une autre ville à la droite du fleuve : cette ville où tous les enfants vont apprendre le Coran par cœur dans des écoles gratuites, s'appelle *El-Lamdou-Lillahi* (à la gloire de Dieu). Ce prince et le chef de Jenné n'imposent aucun droit, aucune contribution, mais reçoivent parfois des cadeaux.

Les infidèles (tributaires de Ségo-Ahmadou, sont obligés de faire la prière pour entrer à Jenné.

Hommes, femmes, enfants sont tous proprement vêtus (1). Les femmes ont toutes l'entre-deux du nez percé. Les unes y portent un anneau d'or ou d'argent, les autres

(1) Le voyageur vit avec plaisir que, dans ce pays, on pouvait porter un mouchoir de poche sans être ridicule ; sur toute la route qu'il venait de parcourir il eût été dangereux de se moucher autrement qu'avec les doigts.

un morceau de soie rose. Elles portent au poignet des bracelets en argent, de forme ronde; et à la cheville un cercle plat, de fer argenté, large de quatre doigts.

Le voyageur s'était décidé à laisser son parapluie au Chérif, qui devait lui procurer une embarcation pour Tombouctou. Ce parapluie avait fait pour le moins autant d'effet à Jenné que dans les moindres villages musulmans ou infidèles; le Chérif parut fort content du cadeau, et, les trois nuits suivantes, régala son hôte de dattes, de melons d'eau, de pain frais; le jour du départ, il lui annonça qu'il avait payé 300 cauris au propriétaire du bateau pour qu'il fût défrayé de sa nourriture pendant toute la route; lui donna quatre bougies de cire jaune, fit emballer et porter à bord son ballot d'étoffe, et lui prépara une pâte de farine de mil et de miel, à mettre, en chemin, dans son eau. Un jeune Arabe, en retour d'une paire de ciseaux, joignit à ces provisions du pain de froment séché au four.

NAVIGATION SUR LE NIGER.

Le 23 mars, à neuf heures du matin — après un séjour de treize jours, Abdallahi, reconduit par ce jeune Arabe, par le Chérif et par son second hôte, dont il avait conservé les bonnes grâces au moyen d'une aune de très-jolie indienne, du reste spécialement adressé et recommandé par une lettre du Chérif à son correspondant de Tombouctou, part, aux cris de *Samalécoum* (la paix soit avec vous), sur un petit bateau chargé de marchandises sèches et d'une vingtaine d'esclaves à vendre (1), qu'un bateau plus grand attend sur le fleuve.

« Vers les deux heures, nous atteignîmes le majestueux Dhioliba, qui vient lentement

(1) Hommes, femmes, enfants : les plus grands étaient aux fers.

de l'ouest. Il est, en cet endroit, très-profond, et a trois fois la largeur de la Seine au Pont-Neuf. Ses rives sont très-basses et très-découvertes. »

Les cinq semaines que M. Caillié passe sur le Dhiolibâ sont pour lui des plus pénibles : injurié, menacé par les mariniers noirs, en l'absence de leur maître ; réduit, par eux, à la ration de riz cuit à l'eau qu'ils donnent (esclaves eux-mêmes) aux esclaves enchaînés qu'ils voiturent ; passant les nuits sur le bateau, plié en deux sur le tas des bagages ; obligé, les derniers jours, de se tenir caché pour échapper aux investigations des Touariks du rivage, qui viennent armés de lances et de poignards sur de petits bateaux, se faire payer des droits de passe ; assez traitables pour les noirs, mais impitoyables pour les Arabes : sachant bien que si les Arabes n'ont pas, comme le disent les nègres, de l'or sous la peau, ils n'en manquent pas pour cela.

Toutefois, un jeune Foulah est auprès du voyageur qui le console et l'encourage ;

qui descend à terre pour lui chercher du lait, et lui rend tous les services possibles. Le voyageur descend lui-même quelquefois lors des haltes qui interrompent fréquemment la marche de la flottille.

Le 25 mars, hommes et marchandises passent sur le grand bateau, déjà chargé de mil, de riz, de miel, de beurre végétal, de coton, d'étoffe. Six autres bateaux pareils avaient même destination. Ces bateaux, auxquels M. Caillié suppose soixante tonneaux de jaugeage, sont construits avec des planches de cinq pieds de long (sur huit pouces de large et un pouce d'épaisseur), ajustées et *cousues* avec des cordes du pays qui se conservent longtemps sous l'eau.

Le moindre vent menace de submerger ces embarcations fragiles ; lorsque les rives sont à découvert, les mariniers, tous noirs esclaves, tirent les bateaux à la cordelle, ou s'ils peuvent atteindre le fond, le repoussent avec des perches de quatre à cinq mètres, composées le plus souvent de deux morceaux bout à bout. Lorsque les rives sont boisées ou le fleuve trop profond, ils naviguent avec des rames plates d'un mètre de long : les rameurs tout nus manœuvrent très-vite et observent la mesure.

Cette navigation est lente et périlleuse, retardée par le moindre vent, par les nombreux bancs de sable, par les déchargements qu'ils exigent; enfin, par les nombreux accidents, que tous ces retards n'empêchent pas. M. Caillié cite deux grands bateaux submergés, et un noir noyé.

Quant aux rives du fleuve, elles présentent presque partout des plaines immenses et marécageuses où se distinguent à peine les cahutes de paille des Foulahs musulmans, qui, de leurs pauvres villages, apportent aux bateaux du lait et du poisson, et dont les troupeaux errent par la campagne, en attendant que la crue du fleuve les refoule ailleurs; ou les tentes des Touariks, qui comptent encore moins sur le produit de leurs troupeaux que sur celui des droits de passe qu'ils imposent. L'eau est toute couverte d'oiseaux aquatiques qui semblent peu redouter les flèches des bergers et des pêcheurs du rivage. Une seule fois des mugissements de bête féroce se font entendre la nuit; une seule fois des pas d'éléphant sont aperçus sur le sable. Le voyageur voit à plusieurs reprises des hippopotames se jouer lourdement dans le fleuve, et cite quelques caïmans qui élèvent la tête à fleur d'eau, et semblent menacer les pirogues.

Le 1er avril, le fleuve s'élargit, on ne voit même plus la terre à l'ouest; le lac Debo ou Dhiébou se déploie comme une mer intérieure. Trois décharges de mousqueterie saluent cette vaste nappe d'eau : *Salam! Salam*, cria de toutes ses forces l'équipage de chaque embarcation; le voyageur lui-même ne pouvait revenir de sa surprise.

Le 5 avril, la flottille, augmentée de quarante grandes embarcations, se remet en route au bruit des cris de joie et des coups de fusil.

Le 17, de nouveaux coups de fusil saluent la nouvelle lune et la fin du carême.

Le lendemain matin, les noirs vont se prosterner à la file dans la plaine ; ils aperçoivent de loin les dattiers de *Cabra*, qui leur annoncent la fin de leurs peines. Abdallahi, caché tout le jour parmi le bagage, est privé de cette vue consolante. A la nuit, il sort de sa cachette, et respire, confondu dès-lors avec les noirs par les féroces douaniers du rivage. Les bateaux ne repartent pas sans leur avoir laissé chacun deux sacs de mil.

Enfin le 19, vers une heure de l'après-midi, après avoir vu, vers six heures, le fleuve se partager en deux branches, le voyageur arrive au port de Cabra. Un petit bateau, tiré à la cordelle par les noirs, l'amène, à trois heures, au village, par un petit canal encombré d'herbes et de vase. Ce village ou plutôt cette petite ville, située sur une petite hauteur qui la préserve de l'inondation, est une sorte de transit entre Tombouctou et le fleuve.

Dans ce mouvement de gens de toute couleur occupés au déchargement et au transport des marchandises, ou bien à célébrer gaiement la fête du Ramadan, personne ne fait attention à Abdallahi. Des Arabes avec lesquels il était venu du port, l'invitent à partager leur souper de riz ; il passe, comme eux, la nuit dehors, couché sur une natte.

Le lendemain, il cherche en vain le correspondant du Chérif parmi les Arabes venus à Cabra, sur de beaux chevaux, recevoir leurs marchandises : ses esclaves, noirs bien vêtus et armés de fusils, envoyés à sa place, complimentent le pèlerin de sa part et l'emmènent.

TOMBOUCTOU.

Parti vers trois heures, le voyageur arrive avec eux à la ville par une route de sable mouvant, le plus souvent dénué de verdure, au moment où le soleil touchait à l'horizon. « Je voyais donc, s'écrie-t-il, cette capitale du Soudan, qui, depuis si longtemps, était le but de tous mes désirs. En entrant dans cette cité mystérieuse, objet des recherches des nations civilisées de l'Europe, je fus saisi d'un sentiment inexprimable de satisfaction : je n'avais jamais éprouvé une sensation pareille et ma joie était extrême. Mais il fallut en comprimer les élans..... Revenu de mon enthousiasme, je trouvai que le spectacle que j'avais sous les yeux ne répondait pas à mon attente : je m'étais fait de la grandeur et de la richesse de cette ville une tout autre idée : elle n'offre au premier aspect, qu'un amas de maisons en terre, mal construites ; dans toutes les directions, on ne voit que des plaines immenses de sable mouvant, d'un blanc tirant sur le jaune et de la plus grande aridité. Le ciel à l'horizon est d'un rouge pâle. Tout est triste dans la nature : le plus grand silence y règne. On n'entend pas le chant d'un seul oiseau... Je conjecture qu'antérieurement le fleuve passait près de la ville, il en est maintenant à près de trois lieues au nord. »

La réception toute paternelle qui, sur les recommandations écrites du chérif de Jenné et sur les explications verbales du propriétaire du bateau, attendait Abdallahi chez son hôte, dut adoucir un peu l'amertume de ce désappointement. « Sidi Abdallahi Chébir, dit M. Caillié, me fit appeler pour souper avec lui. L'on nous servit une bouillie de mil au mouton. Nous étions six autour du plat : on mangeait avec les doigts, mais aussi proprement que possible. Sidi ne me questionna pas; il me parut doux, tranquille et très-réservé. C'était un homme de quarante à quarante-cinq ans, haut de cinq pieds environ, gros et marqué de petite vérole; son maintien avait quelque chose d'imposant. Il parlait peu et avec calme. » Ce pieux musulman donne au voyageur toutes les commodités désirables, notamment une chambre séparée dont il lui livre la clef. Deux fois par jour, il lui envoie un plat de riz ou de mil très-bien assaisonné avec du bœuf ou du mouton (1).

Quant aux constructions et aux habitudes de la ville, elles ne présentent rien de nouveau à qui vient de voir Jenné : mêmes maisons à terrasse, sans fenêtre et sans cheminée, mêmes briques rondes, séchées au soleil ; même répartition des diverses branches du commerce entre les Arabes et les indigènes.

La ville, qui dessine un triangle, paraît avoir une lieue de tour et contenir au plus dix à douze mille habitants. Les maisons n'ont que le rez-de-chaussée et quelques-unes un cabinet au-dessus de la porte d'entrée. Les rues sont propres et assez larges pour trois cavaliers de front. Au milieu de

(1) La maison occupée à Tembouctou par M. Caillié, n'était séparée que par la largeur de la rue de celle qu'y avait habité le malheureux major Laing en 1826. M. Caillié qui, à Jenné même, avait entendu parler du Chrétien venu, disait-on, *pour écrire la ville, et tout ce qu'elle contenait*, put recueillir de nombreux détails sur la fin déplorable de la bouche même de l'hôte du major : Arabe dont notre voyageur reçut plusieurs fois des dattes et, lors de son départ, une culotte en coton bleu.

la ville et au-dehors, des cases rondes en paille servent de logement aux pauvres et aux esclaves.

M. Caillié compte huit mosquées, dont deux grandes, surmontées d'une tour en briques avec un escalier intérieur (1). Du haut de ces tours, où M. Caillié prenait ses notes à son aise, on ne découvre au loin qu'une plaine immense de sable blanc, dont l'uniformité est à peine rompue, çà et là, par quelques arbrisseaux rabougris ou bien par quelques buttes de sable. Le voyageur donnerait presque le nombre des arbres qui ombragent Tombouctou. Il cite entre autres quelques palmachristi et au centre de la ville un palmier doum, sur une sorte de place entourée de cases rondes.

Le bois est extrêmement rare à Tombouc-

(1) Ces deux mosquées ont paru au voyageur d'une construction ancienne. Mais ce qui est plus remarquable, c'est qu'il a cru distinguer, dans la plus grande, des parties qui, par leur élégance, contrastent complétement avec le reste, et paraissent appartenir à une époque plus reculée. Ce sont trois galeries soutenues chacune par dix arcades de dix pieds de haut et de six pieds de large.

tou ; les plus riches seuls en brûlent ; les autres ne brûlent que le crottin de chameau. Le fourrage pour les chameaux, les chevaux, les ânes, les bœufs et vaches, les moutons, les chèvres, vient de trois et quatre lieues. Un tabac d'une petite espèce est la seule culture autour de la ville. L'eau se vend au marché, tirée de quelques citernes découvertes et chauffées par le soleil ou bien apportée du fleuve par Cabra. Vous avez vus quels approvisionnements viennent de Jenné : ces approvisionnement sont à la merci des Touariks qui peuvent refuser le passage aux embarcations et ne l'accordent qu'à force d'exactions, tant à bord des bateaux que dans la ville même.

Tombouctou ne reçoit d'ailleurs que du sel, apporté à dos de chameau de plusieurs endroits du désert ; c'est avec ce sel qu'elle paie tout le reste.

La ville appartient aux Noirs ; mais les négociants arabes, sans participer directement au gouvernement, ont, au nom de la religion et de leur richesse, beaucoup d'ascendant dans les conseils. Du reste, Arabes et noirs sont tous zélés musulmans. Le roi de Tombouctou, auquel le voyageur rend une courte visite avec son hôte, est lui-même un noir. « Ce prince, dit-il, me parut d'un caractère affable. Il pouvait avoir cinquante-cinq ans. Ses cheveux étaient blancs et crépus ; il était de taille ordinaire, avait une belle physionomie, le teint noir-foncé, le nez aquilin, les lèvres minces, une barbe grise et de grands yeux. Ses habits, comme ceux des Arabes, étaient faits en étoffes d'Europe ; il portait un bonnet rouge avec un grand morceau de mousseline autour, en forme de turban..... Il se rendait souvent à la mosquée. »

Tous les habitants de Tombouctou font deux bons repas par jour. Les noirs aisés font, comme les Arabes, leur déjeuner avec du pain de froment, du thé et du beurre de vache. Le commerce est l'occupation de tous. Ici, comme à Jenné, les plus belles maisons sont aux Arabes. Les plus riches ont des matelas de coton, les autres couchent sur des nattes ou sur une peau de bœuf, tendue à quelques pouces de terre sur quatre piquets. Les Arabes, établis là pour quelques années seulement, ne prennent pas d'autres femmes que leurs esclaves.

La parure des femmes est la même qu'à Jenné : mêmes tresses de cheveux, mêmes grains de verre, d'ambre ou de corail au cou ; mêmes anneaux ronds ou plats aux bras et aux pieds, mêmes boucles d'*oreille* et de *nez*.

Au marché, même vente publique d'hommes et de femmes. Du reste, selon M. Caillié, c'est toujours avec regret que ces malheureux s'éloignent de cette ville, si triste qu'en soit le séjour : bien nourris, bien vêtus, rarement battus, assujétis d'ailleurs aux cinq prières, ils ne peuvent quitter Tombouctou pour une autre servitude sans être assurés de perdre au change.

Au tableau que fait le voyageur de la douceur des hommes envers les femmes et les esclaves, on serait tenté de craindre que le voyageur ne se soit trop pressé de généraliser les consolantes observations que lui fournissait la maison du bon Sidi Abdallahi Chébir.

Une occasion s'était présentée pour traverser le désert; mais avant de repartir, Abdallahi avait paru vouloir se reposer une quinzaine de jours. « Tu peux rester ici plus longtemps, si tu le veux, lui dit son hôte. Tu me feras plaisir et tu ne manqueras de rien. » Cet excellent homme alla même jusqu'à proposer au voyageur de l'établir dans la ville. Le départ fut enfin fixé au 4 mai.

Pendant les quatorze jours que M. Caillié est resté dans cette ville célèbre, la chaleur y fut excessive; le vent d'est ne cessa pas de souffler; le marché ne se tenait que le soir vers trois heures; les nuits elles-mêmes furent d'un calme étouffant : le voyageur ne savait où se réfugier contre cette atmosphère brûlante.

Toutefois, si quelque chose eût pu lui faire oublier l'excessive chaleur du jour, le calme étouffant des nuits, les tourbillons de poussière, le morne silence des rues, la désespérante nudité des campagnes, c'eût été le gracieux accueil de son hôte. Du reste à l'affabilité des habitants, à la douceur de leurs manières, à la simplicité de leurs relations, au calme religieux empreint sur tous les visages, il est aisé de voir que si Tombouctou est le désert, c'est le désert humanisé par tout ce qu'une paisible aisance peut apporter de consolation dans un exil volontaire.

Quant à ces autres Arabes avec qui M. Caillié va se remettre en route, sous une même couleur de peau, ce n'est plus le même peuple. Ces commis-voyageurs par qui Maroc et Tombouctou se donnent la main à travers les sables ; ces voituriers du Sahara, endurcis au mal, qui, pour un peu d'or, font chaque année par deux fois leurs deux ou trois cents lieues, malgré le soleil et malgré le vent, malgré la faim, malgré la soif, sans autre ressource pendant trois ou quatre mois de fatigues que du riz cuit à l'eau, du chameau séché, de l'eau tiède, salée ou croupie : — ces hommes peuvent-ils ressembler aux heureux négociants de la ville qui, tranquillement couchés auprès des planches de sel qu'ils étalent à leur porte, font tenir leurs boutiques par leurs esclaves, et ont tout loisir de causer entre eux, d'étudier le Coran, et d'être calmes, justes et bons.

Par malheur, le voyageur n'avait pour sortir de Tombouctou qu'une seule porte, la porte du nord (1); il fallait qu'il suivît jusqu'au bout la ligne que nous avons tracée sur la carte, sous peine de voir l'authenticité de ses récits mise en doute, et de perdre le fruit de tant de fatigues.

Les présents du départ sont ici des échanges. Abdallahi, *le pauvre*, comme on l'appelle à Tombouctou, fait à grand'peine accepter à son dévot et généreux hôte sa vieille couverture de laine et le pot de fe

---

(1) Il ne faudrait pas prendre cette expression à la lettre; car M. Caillié nous apprend que la ville de Tombouctou n'est pas entourée de murs.

blanc qui lui sert pour ses *ablutions*. Il en reçoit en retour une magnifique couverture de coton, une chemise de coton toute neuve, deux sacs en cuir pour sa provision d'eau, du pain de froment cuit au four, comme notre biscuit, du doknou (1), du beurre de vache fondu, une bonne quantité de riz, et surtout de chaudes recommandations pour son correspondant d'El-Arouan. Les trente mille cauris d'étoffe, provenant de la vente de Jenné, servirent à payer la location d'un chameau.

(1) Ce nom désigne la *pâte de farine de mil et de miel*, que l'on délaie, en chemin, avec de l'eau.

LE DÉSERT.

Le jour du départ (4 mai 1828), avant le lever du soleil, le riche Sidi était debout pour partager une dernière fois avec le pauvre pèlerin son thé et son pain frais au beurre. Quelques heures après, le voyageur, que les adieux ont retardé et qui rejoint la caravane à la course, chemine lentement vers la France, assez durement assis entre des ballots, sur un chameau chargé ; heureux en comparaison de tel noir esclave, qui vainement s'appuie sur la croupe des chameaux, vainement se couche à terre, relevé et chassé en avant à coups de verges et de cordes.

Il faut aller à plus de demi-lieue de la ville pour trouver quelques arbustes. Viennent alors quelques buissons rabougris, quelques herbes couvertes de sable que les chameaux broutent en marchant; quelques gommiers élancés au maigre ombrage. Puis, la végétation s'efface peu-à-peu, la terre devient de plus en plus nue et désolée: dès le troisième jour, plus rien que des sillons ou des vagues sablonneuses, creusés ou relevés par le vent, des plaines uniformes de sable uni et presque mouvant, sans trace de chemin frayé; plus rien que la réverbération du soleil sur ce sable où les pieds ne peuvent poser sans douleur.

Les seuls êtres que l'on rencontre en ces solitudes sont des corbeaux et des vautours qui font leur pâture des chameaux morts en route; ou des Touariks, qui, regardant le désert comme leur domaine, mettent à contribution les caravanes qui le traversent. Deux de ces hommes, montés sur le même chameau, au bras gauche le bouclier de cuir, le poignard au côté, à la main droite une pique, accourent se joindre à la caravane. Ce fut à qui leur donnerait de l'eau, bien que l'on n'en dût pas trouver de cinq jours. Ce qu'on avait de meilleur fut pour eux; tant est grande la terreur que luer seul nom inspire.

Enfin, le 9 mai, après six jours de marche (le plus souvent *de nuit*), après cinq jours de calme étouffant, après cinq jours pendant lesquels des nuages qui semblent cloués à la voûte céleste, n'accordent pas une goutte d'eau aux ardentes prières des voyageurs, — on retrouve enfin un peu d'herbe, et l'on aperçoit de loin les chameaux d'El-Arouan. Les compagnons de route de M. Caillié lui montrent l'endroit où, deux années auparavant, gisait le corps du major Laing, abandonné aux oiseaux de proie du désert, et lui redisent les détails de sa mort funeste. A neuf heures du soir, les aboiements de chiens annoncent le voisinage de la ville. Ces aboiements rappellent au voyageur qu'il n'a pas vu de chien à Tombouctou. Le voyageur passe une très-bonne nuit hors de la ville, étendu à terre sur sa couverture, auprès du bagage;

réveillé seulement à minuit pour prendre sa part d'une bouillie de mil apportée d'El-Arouan.

Pendant les dix jours qu'Abdallahi reste dans cette singulière ville, il échappe à grand'peine à la défiance et aux exigences des Arabes et des noirs qui veulent absolument qu'il leur donne du tabac, et vont même jusqu'à le traiter de *chrétien*; mais ses recommandations de Tombouctou, et la protection de son hôte, correspondant de Sidi, viennent à son secours; il s'en tire encore une fois à force de zèle religieux et grâce aussi à la crédulité des vieillards qui disaient en arabe : « Remercions Dieu qu'il soit venu parmi nous. »

Pendant ces dix jours, le vent d'est souffle sans interruption, et tient le voyageur emprisonné; impossible de tenir les portes ouvertes à cause du sable qui pénètre partout et entre même par les fentes de la porte. M. Caillié reste tout le jour couché à terre, obligé de se recouvrir d'un drap pour se préserver de la poussière; sans autre rafraîchissement pour son gosier desséché que de l'eau saumâtre et chaude, même dans les courants d'air auquel on l'expose. Impossible, même aux esclaves, de marcher pieds nus dans la ville ; pour toute rosée, retombe, la nuit, le sable que le vent a soulevé pendant le jour. Et pourtant trois mille hommes (1), Arabes ou noirs esclaves (Arabes, enfermés le plus souvent, avec un linge sur la bouche pour se préserver du sable : esclaves que leurs maîtres ménagent forcément pour qu'ils vivent) ; trois mille hommes se résignent à passer douze ou quinze ans dans cet entrepôt de commerce, pour se préparer quelque repos sur leurs vieux jours, dans les verdoyantes campagnes de Barbarie (2).

Les maisons, crépies avec de la terre jaune, ressemblent à celles de Jenné et de

(1) Ce chiffre est probablement trop fort, on peut penser que M. Caillié, en donnant avec raison peut-être *cinq cents* maisons à El-Arouan, a eu tort de donner à chaque maison *six* habitants.

(2) Encore cet espoir même n'est-il pas laissé aux noirs *esclaves*, bien plus nombreux à El-Arouan, que les Arabes.

Tombouctou, aux toits près, qui sont plats de même, mais de joncs et non de bois. Du reste, point de marché à El-Arouan ; de la viande séchée, pour tout régal ; pour seul combustible, le crottin de chameau. Point de végétation, point de culture, point de fourrage.

L'hôte d'Abdallahi, l'un des plus riches commerçants de la ville et musulman zélé, a, pour l'amour du Prophète, grand soin du voyageur. Il lui envoie régulièrement, sur les onze heures, un plat de riz à la viande : à huit heures du soir, une bouillie de mil assaisonnée de sel et de beurre. Pour l'amour du Prophète aussi, il le pourvoit de cinquante livres de riz, de cinquante livres de doknou, de dix livres de beurre fondu. M. Caillié répond à ces libéralités par son dernier morceau d'étoffe de couleur, une paire de ciseaux et quelques pièces d'argent, lesquelles sont reçues comme une rareté. Les petites coquilles n'ont pas cours à El-Arouan ; et les petits morceaux d'or ou d'argent, qui y servent seuls de monnaie, ne portent pas d'empreinte. Un Arabe d'El-Arouan donne au voyageur un troisième sac de cuir pour sa provision d'eau.

La caravane qui n'était en partant de Tombouctou que de six cents chameaux, en compte au départ d'El-Arouan, le 19 mai, huit cents de plus ; non pas à la file, mais dispersés au large dans la plaine, ceux qui appartiennent au même maître, marchant par troupe distincte et rapprochés les uns des autres. Après deux ou trois heures de marche sur un terrain de sable dur, entrecoupé de monticules de sable mouvant, l'on rencontre cinq maisons en briques jaunes, écoles religieuses où les enfants de la ville viennent étudier le Coran : puis au-delà, des puits assez profonds d'eau saumâtre, auxquels on s'arrête pour boire une dernière fois à longs traits.

Au milieu de ces vastes solitudes, les puits de Mourat (c'est le nom des cinq maisons) entourés de quatorze cents chameaux et de quatre cents hommes, offraient le tableau mouvant d'une ville populeuse.

C'était un vacarme affreux. D'un côté l'on voyait des chameaux chargés d'ivoire, de plumes d'autruche, de gomme, de ballots de toute espèce et aussi de noirs (hommes, femmes et enfants), qu'on allait *vendre*, avec le reste, dans les marchés de Maroc. Plus loin, les Arabes (et Abdallahi avec eux) prosternés, imploraient l'assistance divine. — Au-devant s'étendait un horizon sans bornes, où le ciel et la terre mêlaient leurs teintes de feu. Tout ce que l'on distinguait devant soi, c'était une plaine immense de sable éclatant, nuancée à peine par l'ombre de quelques roches saillantes ou les ondulations de quelques monticules arrondis.

A cette vue, les chameaux poussèrent de longs mugissements. Les esclaves, les lèvres immobiles et les yeux au ciel, semblaient penser encore à leurs vertes montagnes, à leurs frais pâturages, à leurs vieux arbres si feuillus, à leurs jeux et à leurs danses. Ils ne songeaient guère à se débattre contre l'impitoyable cupidité de leurs oppresseurs qui, à cette heure même, la face contre terre, en appelaient à la commisération d'Allah et de toute la force de leurs poumons invoquaient, *pour eux-mêmes*, *le Dieu clément et miséricordieux* (1).

Quant au voyageur, il échappe au désespoir par l'enthousiasme : Une sorte d'ardeur belliqueuse brille dans ses yeux. Ce mur de sable qui se dresse au loin devant lui, lui apparaît comme une place imprenable à l'assaut de laquelle il faut monter pour l'honneur de la France. S'il s'élance gaîment sur son chameau, c'est aussi que cette France est en avant qui l'appelle, avec les souvenirs de l'enfance et les espérances de l'âge mûr.

Enfin, l'on se remet en marche. Tous les hommes portent deux bandes de toile de coton sur les yeux et sur la bouche pour se préserver à la fois de la poussière et de l'air chaud et sec qui fatigue les poumons.

---

(1) Besm ellah elrohman elrahim *au nom de Dieu clément et miséricordieux*. Cette formule, répétée en tête de tous les chapitres du Coran, est pour les musulmans ce que *le signe de la croix* est pour les chrétiens.

Le premier jour, calme étouffant; soif dévorante; point d'appétit; une seule distribution d'eau; vers dix heures du soir, un repas de riz chaud au beurre fondu. Ce repas n'était pas désaltérant.

Le lendemain à dix heures du matin, l'on dresse les tentes pour marcher pendant la nuit. « On nous donna à chacun, dit M. Caillié, une calebasse d'eau contenant près de trois bouteilles que nous avalâmes d'un seul trait : cette eau tiède nous remplissait l'estomac sans nous désaltérer. J'aurais bien mieux aimé en avoir moins à la fois et plus souvent; mais les Maures qui présidaient aux distributions ne voulurent entendre à aucun nouvel arrangement, et s'en tinrent à leur vieille habitude... Du reste, il n'y avait de préférence pour personne. » Les Maures dont c'était le tour de conduire les chameaux, et qui marchaient à pied en fredonnant des airs, ne buvaient comme les autres qu'aux distributions générales.

Le vent (vent d'est auquel succède le

vent d'ouest, au coucher du soleil) ne cesse de soulever une poussière brûlante. Le 21, à dix heures du matin, après avoir marché toute la nuit sur un sable uni et complètement aride, on dresse les tentes, et l'on s'étend sur le sable. « Malgré toutes les précautions que j'avais prises, dit le voyageur, la chaleur fut si forte, ma soif si ardente qu'il me fût impossible de dormir : ma bouche était en feu et ma langue collée à mon palais.

« J'étais comme expirant sur le sable... Je ne songeais qu'à l'eau, aux rivières, aux ruisseaux. Dans mon impatience, je maudissais mes compagnons, le pays, les chameaux, que sais-je ! le soleil même qui ne regagnait pas assez vite les bornes de l'horizon.

« L'endroit était d'une aridité affreuse ; pas un seul petit brin d'herbe ne reposait l'œil. Les chameaux, exténués de fatigue et de jeûne, couchés près des tentes, la tête entre les jambes, attendaient tranquillement le signal du départ. Enfin il fut donné : à quatre heures et demie, Sidi-Ali (le propriétaire du chameau qui portait Abdallahi) jeta quelques poignées de doknou dans une grande calebasse, versa de l'eau dessus et mêla le tout avec ses mains, en y plongeant les bras jusqu'aux coudes : spectacle repoussant pour tout autre que des affamés ; car l'eau était si précieuse que le vieux Ali n'avait pas lavé ses mains depuis plusieurs jours. Quoique ce breuvage fût tiède et fort sale, nous le bûmes à longs traits et avec délices.

« Après s'être désaltérés, les Maures visitèrent leur bagage et les plaies de leurs chameaux, faisant écouler le sang et le pus, coupant les chairs mortes, couvrant les chairs vives de sel pour empêcher la gangrène.

« Quelquefois c'était en sortant de panser ces plaies, que Sidi-Ali venait préparer notre breuvage sans même se nettoyer les mains, ou si, par hasard, il les lavait, il faisait boire à un de ses noirs l'eau dont il s'était servi. On ne peut pas s'imaginer l'horreur et le dégoût que me causait le mépris de cet homme pour ses semblables. »

Le 22 mai, le vent d'est continue d'échauffer l'atmosphère : la soif augmente avec la chaleur, et l'eau diminue sensiblement. Le vent dessèche les outres : l'eau filtre à travers les pores. Abdallahi essaie d'acheter quelques outres de plus ; mais les outres n'ont plus de prix. Il se résigne à se traîner, dans les haltes, d'une tente à l'autre, et à mendier, le chapelet à la main, quelques gouttes d'eau *pour l'amour de Dieu*. Le moment était mal choisi ; le pauvre mendiant augmentait, en pure perte, sa soif et sa lassitude.

Le 23, le vent d'est soulève des trombes de sable qui, dans leur course, menacent de balayer hommes et chameaux tous ensemble. L'une de ces trombes fait tournoyer les tentes, comme des brins de paille. Le sable soulevé cache le ciel et le soleil, comme un brouillard épais ; les gémissements sourds et plaintifs des chameaux répondent aux lamentations des noirs et aux cris d'effroi des fidèles qui répètent de toutes parts : *Allah il allah*, etc. (Dieu est Dieu et Mahomet est son Prophète.)

« Tout le temps que dura cette affreuse tempête, nous restâmes étendus sur le sol, sans mouvement, mourant de soif, brûlés par le sable et battus par le vent. Le calme rétabli, nous nous disposâmes à partir; on prépara le doknou et l'on nous distribua à boire. Pour savourer le plaisir que me promettait ma portion d'eau, je mis la tête dans ma calebasse; je ne prenais pas même le temps de respirer ; j'éprouvai aussitôt un malaise général et presque la même soif. »

Vers quatre heures, les chameaux, agitant lentement le cou et ruminant, reprirent tristement leur marche vers le nord, sans que l'on eût besoin de leur montrer le chemin, sur un terrain sablonneux, couvert de roches de quatre à cinq pieds de hauteur.

Les hommes, envoyés le 22, à la recherche des puits, ne revenaient pas. Après une journée perdue à les attendre, on fait route le 24 vers quatre heures du soir, toujours vers le nord, sur un sol plus uni que la veille, mais également couvert de roches. Cette nuit-là, pas un œil ne se ferme, et la caravane marche en avant sans autre bruit que le piétinement des chameaux : les conducteurs eux-mêmes se taisent et se relaient plus souvent que de coutume.

Le 25, vers neuf heures du matin, on fait halte dans une plaine de sable dur où croît un peu d'herbe, aussitôt dévorée par les chameaux. « Il ne restait plus qu'une outre et demie d'eau pour onze bouches ; on devenait de plus en plus économe. Après avoir bu quelques gouttes d'eau, l'on s'étendit à terre, en attendant les hommes envoyés à la provision. Vers dix heures, ces malheureux arrivèrent, à moitié morts de soif. » Les puits tant cherchés, trouvés enfin et déblayés, étaient à sec. « Pressés par une soif ardente, ils s'étaient décidés à tuer un chameau *pour se partager l'eau contenue dans son estomac !*

« Vers quatre heures du soir, après avoir bu le reste de notre eau, la caravane, plus altérée que jamais, se remit en route. Vers neuf heures, on fit, comme à l'ordinaire, halte pour la prière ; un Maure, qui nous accompagnait, nous donna à chacun un peu de son eau. La nuit comme les précédentes fut très-chaude. »

Enfin, le 26, après avoir marché toute la matinée sur un sol dur, couvert de roches rouges ou noires et feuilletées, après avoir gravi une côte de trois à quatre cents pieds, on descend dans un bas-fond de gros sable jaune, entouré de montagnes roses. Là, sont les puits de Télig, comblés par le sable. « Les Maures se mirent aussitôt à les déblayer, et, pour la première fois depuis sept jours, l'on fit boire les pauvres chameaux qui, sentant le voisinage de l'eau, étaient indomptables. Quand on les chassait à coups de cordes, ils couraient dans la campagne et revenaient en ruminant s'accroupir autour des puits et poser leur tête sur le sable frais qu'on en retire. La première eau fut très-noire et bourbeuse, et malgré la quantité de sable qu'elle contenaît encore, les chameaux se la disputaient avec acharnement. Ces puits dont l'eau est très-abondante, mais saumâtre, n'ont pas plus de trois à quatre pieds de profondeur.

« Lorsque l'eau fut buvable, j'allai mettre ma tête entre celles des chameaux, un Maure me donna à boire dans son seau de cuir, car on n'avait pas pris le temps de déballer les calebasses. »

Ce jour, véritable fête pour les chameaux, est employé tout entier à les faire boire : ils ne pouvaient se désaltérer et se disputaient dans l'auge jusqu'à la dernière goutte ; les Maures, occupés de leurs chameaux, ne songeaient pas à dresser les tentes ; le vent d'est qui soulevait des tourbillons de poussière, et un soleil ardent, sans abri, gâtent un peu les plaisirs de cette journée ; toutefois l'abondance de l'eau permet de faire cuire un peu de riz : premier repas, depuis le 19 au soir.

Les puits de Télig sont, au dire des Maures, à quatre ou cinq heures de march (à l'est) des mines de Toudéni, d'où se tirent les planches de sel qui s'importent de Tombouctou à Jenné et ailleurs.

Le 27, départ vers trois heures du soir; et deux heures après, halte sur une veine de sable gris mouvant. Quelques pieds d'herbages épineux soulagent un peu les chameaux, qui n'ont presque rien mangé depuis sept jours. Avant de quitter les puits, on avait tué deux de ces animaux (1) qui ne pouvaient aller plus loin, et étaient près de périr de fatigue. On distribua cette viande à tous ceux qui en voulurent. Elle servit pour le souper. Ali en fit bouillir quelques morceaux, et dans le bouillon fit cuire un peu de riz qui conserva le mauvais goût du chameau. Quant à la viande, les Maures la dévorèrent avec avidité et si dure qu'elle fût, la trouvèrent excellente.

La chaleur paraît plus supportable au voyageur : la soif est désormais moins pressante ; l'eau n'est plus aussi rare, les puits sont plus rapprochés les uns des au-

(1) M. Caillié vit tuer ainsi quatre chameaux avant d'arriver au camp d'Ali.

tres. Le désert ne finit pas ici, mais ici
finissent ses plus terribles rigueurs.

A mesure que la nature paraît s'huma-
niser et s'adoucir, la cruauté des compagnons d'Abdallahi se déploie plus à l'aise.
En même temps que le soleil et le vent
d'est deviennent plus traitables, la défiance
et la dureté de cœur de ces hommes augmentent : ils tournent contre le chrétien
converti le peu de loisir et de gaîté que
leur laisse à présent leur position meilleure.

L'exemple d'Ali les encourage. Ce propriétaire de chameaux, dont les mains
sales et gercées pétrissaient et délayaient
si gracieusement la pâte de mil et de miel,
petit homme de quatre pieds, à la figure
ridée, aux yeux noirs et méchants, à la
bouche grande, au menton allongé, à la
barbe grise, n'était plus, au désert, l'hum-
ble vieillard qui, les yeux baissés, le chapelet à la main, les saintes invocations sur
les lèvres, avait séduit par ces dehors et
l'honnête *Sidi* de Tombouctou et son pieux
correspondant d'El-Arouan et notre Abdal-

lahi, promettant à tous d'avoir pour le pauvre voyageur les tendres soins d'un père. Que dis-je? il abusait encore les autres compagnies de la caravane, affectant de s'être chargé du pauvre pélerin par pure charité musulmane, quand il avait reçu d'avance de Sidi en bon et bel or, la valeur de cent vingt francs, et d'en avoir tout le soin imaginable, au moment même où il venait de lui refuser l'eau commune à présent, et qu'il ne refusait pas aux esclaves. Si le voyageur buvait, Ali fredonnait le petit air avec lequel il faisait boire ses chameaux. Dans le langage d'Ali, Abdallahi et sa monture n'avaient qu'un seul et même nom; dès qu'il avait prononcé le mot de *Gageba*, les noirs, enhardis par la cruelle gaîté des Arabes, dansaient autour de l'homme à qui s'adressait ce nom de chameau, lui montrant tour-à-tour le morceau de bois qu'ils avaient ordre de lui passer au nez et la branche d'épines qu'ils devaient lui mettre dans les yeux. « Tu vois bien cet esclave, lui disaient les Maures, eh bien ! je le préfère à toi. » Puis esclave et maître, de ricaner aux éclats.

Il faut ajouter qu'Abdallahi mangeait à part, depuis que ses compagnons de route s'étaient aperçus avec horreur qu'il avait eu le scorbut. Du reste, il n'avait pu parvenir à enlever et faire sauter comme eux le riz dans la main, à le pétrir rapidement en petites boulettes, et le jeter, en humant, dans la bouche. Les Arabes de Jenné entre autres, lui voyant renverser à terre quelques gouttes de bouillie de mil, s'en étaient pris de cette maladresse aux chrétiens, qui, disaient-ils, ne lui avaient pas même appris à manger décemment. Les Arabes du désert moins polis, ouvraient une bouche énorme, y plongeaient les deux mains à la fois, avec des grimaces hideuses, et criaient de toute leur force : « Il ressemble à un chrétien. » — S'il leur demandait de l'eau : « Donne-nous, répondaient-ils, ton coussabe et ton cadenas, et tu auras à boire. » Ce coussabe (chemise de coton, présent de Sidi) et ce cadenas étaient avec sa couverture de coton et son sac de cuir, tout ce qui restait à M. Caillié d'apparent. Sa seule ressource était de dire à ces Maures que leurs fusils venaient de France, — ou bien d'avoir recours aux autres compagnies de la caravane. Là, questionné à l'envi sur sa conversion, sur sa fuite et surtout sur les ridicules et les crimes des chrétiens, il voyait ses réponses payées d'un peu d'eau, de mil et de miel.

Le 3 mai, puits de Cramès, à sec ; le 1er juin, entre plusieurs gros blocs de sel, puits de Trasas, eau salée ; le 5, puits d'Amoul-Gragim, eau bourbeuse et salée ; le 9, puits d'Amoul-Taf, eau douce, mais peu abondante ; enfin le 12, les chameaux descendent avec peine par un sentier étroit dans un profond ravin entouré de roches énormes : au fond de ce ravin, un joli bosquet de dattiers ombrage une eau abondante, fraîche et limpide. Il faut avoir marché depuis le 4 mai sur un sable nu et brûlant, pour savoir quelle volupté attend le voyageur à ces puits d'El-Ekseif, et l'arrête

Le seul incident, depuis les puits de Télig, est la visite de quelques gros serpents qui inquiètent, à plusieurs reprises, le sommeil des voyageurs. J'oublie une alerte de la caravane, effrayée par quelques chameaux aperçus dans le lointain : alerte qui met tous les Maures en armes, et vaut au pauvre Abdallahi l'aumône d'un peu d'eau et d'un morceau de chameau bouilli de la part de trois ou quatre Marabouts en prière, restés seuls au camp avec les esclaves.

Le 27, après *quatorze* autres jours de marche, de haltes et de départ à toute heure du jour et de la nuit (quatorze jours pendant lesquels la provison d'eau est renouvelée quatre fois), un coup de fusil annonce un homme envoyé par Ali qui avait pris les devants, et porteur de lettres sur l'état des marchés du Tafilet.

Dans les défilés de hautes montagnes où la caravane est engagée, le chameau qui porte Abdallahi se prend de peur, fait un écart et jette le voyageur, les reins sur le gravier. Un Maure vint à son secours, le prit dans ses bras et le soulagea beaucoup en le serrant fortement contre sa poitrine. Ce Maure, qui n'était pas de la société d'Ali, le remit lui-même sur le chameau, qu'il fit coucher pour cela. J'omets les souffrances et les avanies que cette terrible chute occasionne au voyageur resté seul sur sa monture, dans les passages escarpés de l'Atlas.

Le 29, rencontre des femmes et des enfants des Maures, accourus du camp d'El-Harib au-devant de leur mari, de leur père : scène de joie et de caresses, qui réconcilie un moment le voyageur avec ses odieux compagnons de voyage. — A 9 heures, arrivée aux douze ou quinze tentes d'Ali et de sa famille : un de ses fils emprunte à M. Caillié sa couverture de coton pour faire meilleure figure à son retour auprès de ses parents et de ses connaissances.

EL-HARIB.

Le séjour de M. Caillié au camp d'Ali n'est pas des plus agréables. Le voyageur, à part quelques bons morceaux de mouton cuit à point sous des pierres chaudes, est astreint par son avare guide à un régime de mil bouilli et de dattes aussi dures que le fer. Pour échapper aux douleurs que ces dattes lui causent et aux plaies dont elles menacent son palais, il mendie d'une tente à l'autre quelques gouttes de lait de chameau. Il est réduit à chercher, contre les incroyables vexations des fils et des filles d'Ali, un refuge sous la tente d'un pauvre vieux forgeron, dont la vieille mère le prend en pitié : ce vieux forgeron avait fait le voyage de la Mecque et était très-vénéré pour cela.

Par bonheur, la réputation de ses médicaments, tout en lui attirant d'assez fâcheuses corvées, contribue aussi à lui redonner un peu d'importance.

Un exemple vous donnera une idée des connaissances médicales d'El-Harib : c'est celui d'un saint-docteur musulman auquel M. Caillié, pour faire diversion à ses maux, se fait un devoir de rendre visite à une lieue de là. Il le trouve entouré de vieillards et de la foule d'infirmes et de malades, accourue de tous côtés.. Pour tout remède, le saint homme posait gravement la main sur la partie malade, puis la frottait doucement en marmotant une prière. — Cet homme n'avait pour tout bien que la connaissance du Coran ; mais, ajoute le voyageur, en Afrique, cette connaissance vaut une métairie. Elle lui attirait de toutes parts des étoffes pour ses habits et ses tentes ; il ne manquait ni de monture, ni d'orge pour sa nourriture et celle de ses amis. Il recevait tout cela en échange de ses écritures, dont la puissance magique arrêtait disait-on, les maladies présentes, préservait des maladies à venir, éloignait les voleurs.

Arrivé le 29 juin, M. Caillié repart le 12 juillet à cinq heures du matin, sans autre déjeuner qu'un peu de lait acheté avec un grain de verre de son chapelet : escorté par les *Berbers*, sans lesquels on ne peut faire un pas en sûreté dans ces dépendances de l'empire de Maroc.

Le 23 juillet, après avoir traversé de magnifiques forêts de dattiers qui recouvrent des récoltes d'orge, de froment, de légumes ; après avoir senti les dents des chiens qui défendent l'approche des tentes des Berbers, avoir visité par distraction la petite ville de Mimcina, et marché plus d'une semaine au milieu de bergers montagnards ; bien reçu par les uns, mal mené par les autres, dévotieusement rasé par Ali lui-même, protégé du reste contre cet homme par la présence de deux religieux arabes que le vieil avare nourrit, héberge et voiture, et auxquels il serait bien fâché de paraître mauvais musulman ; Abdallahi arrive enfin à Ghourland, chef-lieu du Tafilet. Pendant que la foule des Maures et des Juifs, sales et mal vêtus, entoure le bagage de la caravane, lui, prend sur son épaule son sac de cuir, et suit son guide chez le chef de la ville.

Le temps qu'il reste en cette ville, il prend humblement à la porte de ce chef, ses rares et maigres repas, composés de bouillie d'orge, de quelques onces de pain et des dattes : en un mot, la nourriture des esclaves. Cependant un Maure, qui sait les trois premières règles de l'arithmétique, qui possède une montre et aussi une boussole (laquelle, selon M. Caillié, aurait appartenu au major Laing) — prend en amitié le dévot égyptien, et lui fait oublier quelquefois ses peines ; il lui parle des connaissances européennes qu'il admire, tout en abhorrant les *chrétiens* (non sur la parole d'autrui, mais pour les avoir vus de près au cap Mojador et à Maroc). Il lui dit, un jour, qu'il était à Tripoli, au moment où Bonaparte était en Égypte, et lui demanda son âge. Couvert de haillons, noirci par le soleil et malade,

M. Caillié lui persuada sans peine qu'il avait trente-quatre ans.

La seule maison où le voyageur soit admis est celle d'un Juif qui lui change une pièce anglaise de vingt-quatre sous. Ici commence l'emprisonnement des femmes ; elles ne sortent qu'enveloppées de la tête aux pieds.

Le 2 août, après bien des démarches vaines auprès du Bacha, après avoir vendu sa dernière chemise au marché, le voyageur se remet en route, sur un âne, à quatre heures du soir. La caravane d'ânes et de mulets, dont sa monture fait partie, est honorée de la présence de quelques marchands de dattes de la race de Mahomet, Chérifs devant lesquels les musulmans et les Juifs même ne passent pas sans ôter et prendre à leurs mains leurs sandales, avec une inclinaison respectueuse. Abdallahi, dans ce trajet, vit le plus souvent de leurs restes. Une autre bonne fortune est celle qui lui donne pour compagnon de route un favori de l'empereur, lequel escorte sa femme dérobée aux regards sous un pavillon d'écarlate, et voyage avec assez de libéralité.

Du reste, le voyageur n'est pas heureux dans les épreuves auxquelles il met la charité et la patience des musulmans, soit qu'il quête, le chapelet à la main, des dattes par les villes et villages : soit qu'il fatigue de sa toux opiniâtre les voyageurs couchés comme lui à terre, à la porte des églises musulmanes.

A cela près, les jardins fruitiers, entourés de murs ou de fossés, qui bordent la route, délassent délicieusement ses yeux, auxquels sont encore tout présents les plaines arides qu'il vient de traverser. Les figuiers, les poiriers, les abricotiers, les raisins et les roses lui feraient prendre le Tafilet pour le paradis terrestre, si les hautes et nombreuses montagnes qui barrent le passage à l'horizon, ne lui annonçaient que ses fatigues ne sont pas terminées, et qu'à défaut de force, il va lui falloir du courage encore.

Le 11 août, ânes, mulets et hommes, également épuisés, arrivent à Soforo, petite ville murée comme les autres, dans une belle plaine de maïs et d'oliviers. Ce que M. Caillié y vit de plus remarquable, ce sont deux moulins à eau et, à la tour de la mosquée, une mauvaise horloge. Il avait troqué la veille, contre de l'eau et un petit gâteau de froment à l'anis, sa dernière emplâtre de diachylon, pour le mal de pied d'un Chérif.

FEZ ET MÉQUINAZ.

Le 12 août vers midi, il entre à Fez avec les Juifs qui se rendaient au marché en grand nombre. Les deux jours que le voyageur passe en cette ville (la plus belle, dit-il, qu'il ait vue en Afrique), il couche à l'écurie, seule hôtellerie des étrangers, à côté des ânes et des mulets, et va prendre ses repas à la mosquée.

Sans nous arrêter davantage à Fez, prenons le chemin de Méquinaz, où M. Caillié se rend sous prétexte de parler à l'empereur. Partis le matin à sept heures (14 août), nous arrivons à cinq heures du soir, en compagnie de deux Mauresses à demi voilées, très-blanches et très-rieuses. M. Caillié en avait une en croupe sur sa mule. La journée avait été assez gaie : le pauvre cavalier avait vu ses soins payés d'une tranche de melon et d'un morceau de pain.

Repoussé de l'écurie sur la paille de laquelle il demande la permission de s'étendre, enviant son gîte à la mule qui l'avait porté, le voyageur s'était établi pour sa nuit dans la maison de Dieu ; étendu à terre, il commençait à goûter du repos, quand le portier du saint lieu vint le pousser rudement du pied et lui crier d'une voix rauque de se lever et de sortir ; prenant son sac de cuir, il sortit sans savoir où poser sa tête. Il pensa tristement aux pièces d'argent et aux quatre boucles d'or de Bouré qui lui restaient, et qu'il était obligé de cacher. Il était si faible qu'à la vue de tant d'humiliations et de fatigues, il ne put retenir ses larmes. Un marchand de légumes lui permit à grand'peine de s'abriter sous sa boutique : mais le froid ne le laissa pas dormir.

Le lendemain matin, M. Caillié, son sac sur le dos, se dirige à pied vers *Rabat* (1); mais ses jambes refusent de le porter, il revient à Méquinaz. Cette fois, un bon barbier lui donne hospitalité. Le 16, il repart, sur un âne : si faible qu'il ne peut y monter seul. Le 17, halte, vers midi, au milieu d'un camp militaire, qu'il quitte le 18, à trois heures du matin; le même jour, nous arrivons à Rabat.

Les Maures, à qui le voyageur présente quelques pièces anglaises à changer, le

(1) Ou *Arbate*.

renvoient aux chrétiens, et lui indiquent le *Consul* de France : « Je frappai à la porte, et le cœur me battit, en pensant que j'allais voir un Français. »

Le consul ou plutôt l'*agent consulaire* pour la France, à Rabat, était un Juif. Ce Juif fait subir un interrogatoire au voyageur, lui donne quelques sous sur ses pièces anglaises, lui recommande la prudence, et l'envoie dîner dans la rue et coucher à l'écurie. Mais, la prudence elle-même interdit ce gîte à M. Caillié. Les chiens qui font la nuit la police de la ville, le forcent d'aller chercher le repos dans un cimetière au bord de la mer. Ses repas consistaient en pain et raisin : quelquefois, ajoute-t-il, je me permettais d'acheter un morceau de poisson frit.

M. Caillié avait vu avec douleur un brik portugais partir pour Gibraltar, sans avoir pu obtenir de l'agent consulaire la faveur d'y être embarqué. Le 2 septembre, après quinze jours de ce fatigant vagabondage et de vaine attente, M. Caillié écrit au vice-consul de France à Tanger, et, pouvant à peine se tenir, se met lui-même en route pour cette ville. L'âne qui le porte enfonce jusqu'aux jarrets dans un sable mouvant, le long de la mer, et l'oblige à descendre. Dans une halte, le voyageur, enveloppé de sa vieille couverture, essuie un violent accès de fièvre.

A Larache, il voit deux bâtiments français en croisière. Cette vue lui donne des forces. « Les montagnes, qui avoisinent Tanger, me furent, dit-il, bien pénibles à gravir. Enfin, malade et exténué de fatigues, j'atteignis cette ville le 7 septembre à la nuit tombante. »

TANGER.

« Comme j'entrais à pied, la sentinelle ne me dit rien, ce qui m'évita une explication avec le gouverneur.

« Je déposai mon sac à l'écurie, et dès le même soir, je courus dans la ville pour découvrir le consulat de France. Je vis plusieurs mâts de pavillon : l'obscurité m'empêcha de reconnaître le nôtre. Je n'osais m'adresser aux musulmans. Je passai à l'écurie une nuit bien agitée...

« Rendu, le lendemain, dans la rue où j'avais vu les mâts de pavillon, j'aperçus une porte ouverte. Un *chrétien* était auprès; après avoir regardé autour de moi, je lui demandai, en anglais, la résidence du consul britannique : « Vous y êtes, » répondit-il; je voulus entrer; mais cet homme s'y opposa en me repoussant avec horreur, tant j'étais sale et défiguré. Je lui demandai la demeure de notre consul : il me répondit brusquement : *Il est mort.* Mais un Juif qu'il appela m'enseigna la porte du vice-consul, et d'un air curieux me demanda qui j'étais et ce que je voulais à un *chrétien.* Sans lui répondre je m'éloignai un peu... Je retournai, quelques minutes après, à la porte du vice-consul, et, comme elle était entr'ouverte, j'y entrai : une femme juive appela M. *Delaporte* qui me reçut avec empressement, et me fit monter dans un appartement où je ne pouvais être aperçu de personne... Dans son transport, il alla jusqu'à m'embrasser et à me serrer dans ses bras, sans répugnance pour ma personne ni pour les sales lambeaux dont j'étais couvert. Enfin, je ne saurais trop parler de la réception que me fit cet homme généreux. »

RETOUR.

Le voyageur ne passe plus qu'une seule nuit à l'écurie, et rentre au consulat par une porte de derrière : M. Delaporte obtient (1) du commandant de la station navale française, à Cadix, une goëlette sur laquelle, le 28 septembre, notre compatriote s'embarque pour Toulon, déguisé en matelot.

(1) « M. Caillié s'est présenté à moi sous le costume d'un derviche mendiant, costume qu'il ne démentait pas, je vous assure. Il a simulé pendant son voyage le culte mahométan. Si les Maures le soupçonnaient chez moi ou au consulat, ce serait un homme perdu ; je réclame donc de votre humanité, de votre amour, de votre admiration pour les grandes entreprises, de m'aider à sauver cet intrépide voyageur, en m'envoyant un des bâtiments sous vos ordres... »

Lettre de M. Delaporte au commandant de la station française, à Cadix.

Dix jours après, Abdallahi revoyait la France. La Société de Géographie, sur les bienveillantes sollicitations de M. Delaporte et de M. Jomard, tendait la main au voyageur : une avance de *cinq cents francs* lui annonçait à Toulon la réception qui l'attendait à Paris. Une indemnité provisoire de trois mille francs et la croix de la Légion-d'Honneur vint, au bout de quelques semaines, le rassurer sur les dispositions du gouvernement à son égard. Le 5 décembre 1828, le PRIX *de Tombouctou* lui fut adjugé, en séance générale.

Pendant que le voyageur arrive au port et s'y repose, les choses qu'il a vues sur son chemin continuent d'être les mêmes. Sur le sol d'Afrique, le bien et le mal sont également vivaces : comme les nuages qui s'abattent six mois de suite sur les montagnes, comme les rivières qui inondent périodiquement les plaines, comme le vent d'est qui embrase sans interruption le désert ; hommes et femmes, enfants et vieillards parcourent là constamment le même cercle d'habitudes uniformes. Toujours même costume, même lit et même table; mêmes huttes enfumées, même musique et mêmes danses. Aujourd'hui, comme il y a cinquante ans, les noirs voyageurs de Cambaya et de Kankan sautent de roche en roche au bord des précipices leur long bâton à la main et leur longue corbeille de sel sur la tête. Ceux de Timé, que leur attirail de sonnettes annonce, barbotent dans les mêmes marécages avec leurs énormes charges de noix de colats, qu'ils portent si loin, avec tant de peine et si peu de lucre; les bateaux de Jenné se traînent lentement sur le fleuve, au gré du vent ou du calme, arrêtés tant de fois par les bancs de sable ou les douaniers armés du rivage; et, sur cette terrible plaine de sable, Arabes au visage couvert, noirs esclaves et chameaux, cheminent toujours, haletant, sous le soleil et par les chaudes bouffées du vent d'est, après une gorgée d'eau tiède, salée ou bourbeuse. Tout cela n'est pas un roman, mais de l'histoire. Non pas de l'histoire ancienne, mais de l'histoire actuelle et vivante.

Si nous entreprenions aujourd'hui de parcourir le même itinéraire que M. Caillié, nous retrouverions sans doute à chaque pas les mêmes types d'hôtes, de guides, de marchands exerçant le même négoce si pénible et si peu fructueux : l'économe *Ibrahim*, le vieux fourbe *Lamfia*, l'honnête, le généreux *Arafanba*, *Karamo-Osila* de Timé, le vieux tartufe *Ali*. Le pauvre vieux maître d'école de Cambaya, le pauvre vieux Maure de Kankan, la vieille négresse de Timé, le Chérif de Jenné, le grave et libéral Sidi-Abdallahi de Temboctou, le pauvre vieux forgeron d'El-Harib, le bon barbier de Méquinaz et tant d'autres que j'oublie.

Si donc nous nous retournions pour embrasser d'un coup-d'œil et dans toute sa longueur la route où nous n'avons jusqu'ici cheminé que pas à pas, voyant peu de chose à la fois devant nous et presque rien sur les côtés, le spectacle qui s'offrirait à nous ne serait pas d'un autre temps, ce serait la réalité même que le soleil éclaire à l'heure qu'il nous éclaire, à cela près qu'il s'élève, là-bas, plus haut au-dessus de l'horizon.

Cette revue, pour être complète, devrait suivre la distribution (sur cette longue ligne) des terrains, des produits minéralogiques, des arbres et des plantes, des diverses cultures, des divers ordres d'animaux domestiques et sauvages.

Arrêtons-nous seulement à considérer les différents peuples que nous venons de visiter. Les différences, qui se présentent d'abord, sont celles de la couleur de la peau : le teint noir, marron ou bronzé ; les cheveux crépus et les cheveux lisses. — Après cela, la classification la plus naturelle est celle des peuples gais et des peuples sérieux : de ceux qui ont un système de croyances bien arrêté, un lien commun de pratiques journalières ou annuelles, un but pareil en cette vie et en l'autre, une seule et même ambition, une seule et même loi et de ceux qui n'ont rien de tel. Sur toute cette ligne, la religion de ceux qui en ont une, est la musulmane ; la juive ne commence à se montrer que dans l'empire de Maroc. Encore ceux qui n'ont pas de religion constituée, reçoivent avec le plus grand respect tout ce qui leur vient de la musulmane. Musulmans et autres, noirs marrons ou bronzés, tous ils s'accordent dans leur croyance au pouvoir magique de l'écriture (de l'écriture arabe, la seule qu'ils connaissent) ; à la puissance miraculeuse des formules coraniques.

Du reste, parmi les *Fidèles*, nul doute sur la mission du Prophète, sur la divine origine du Saint-Livre, sur l'autre vie, le paradis et l'enfer. La dévotion est là bien souvent tout en mouvements automatiques des bras et des lèvres, mais la foi est aussi profonde qu'aveugle. Ils s'arrêtent devant une bouchée de porc, devant une goutte de bière ou d'eau-de-vie, comme devant le précipice qu'ils voient de leurs yeux. Chacun croit de sa religion ce qu'il en sait et tout ce qu'il en sait, plutôt plus que moins. Ils n'en discutent ou n'en démontrent pas plus la vérité qu'ils ne discutent ou démontrent la présence du soleil à l'heure de midi, et son influence bienfaisante ou terrible.

Cette religion n'est pas de nature à les animer d'un zèle bien vif pour l'exploitation de notre planète et l'amélioration du sort des hommes dans leur terrestre séjour.

Dans ces régions, l'industrie, qui satisfait bien juste aux besoins les plus pressants, est presque entièrement abandonnée aux esclaves (1), et ne s'exerce que sur les produits qui s'offrent pour ainsi dire d'eux-mêmes. Le minerai de fer qui se ramasse en beaucoup d'endroits à fleur de terre, l'or qui, principalement autour de Bourré, invite au lavage du sable, le sel qui se voit par bloc dans le désert, la glaise qui fournit les briques et les poteries, — telles sont les seules ressources empruntées directement au sol même.

Les autres opérations (tannage, tissage, fabrication de savon, etc.) sont celles que

(1) Notamment l'agriculture, laquelle n'emploie qu'un seul outil, pioche à manche incliné.

la culture grossière du pays ou la garde des troupeaux indiquent dès l'abord, ou bien sont venues à la suite des conquêtes musulmanes.

Quant aux productions de l'industrie européenne, de l'industrie anglaise surtout, elles arrivent là sans éveiller la moindre émulation. Il y a trop d'intermédiaires inconnus entre une simple aiguille telle qu'elle sort de nos fabriques et le morceau de fer d'où les Africains savent que nos ouvriers la tirent. A Timé, un des fils de son hôtesse, montrant à M. Caillié un morceau d'étoffe de couleur, donné par le voyageur à la bonne vieille, lui demanda qui avait fait ces fleurs sur l'étoffe. Apprenant que c'étaient les blancs, il reprit en conservant son sérieux : « qu'il croyait qu'il n'y avait que Dieu qui pût faire d'aussi belles choses. » — Il ne leur vient pas à l'idée de rivaliser avec les blancs.

Tous, ils aspirent à se donner le moins de mouvement possible, non pas, comme les européens en faisant faire leur ouvrage à l'air, à l'eau, à la vapeur ; mais en augmentant le nombre des machines humaines qui manœuvrent pour eux, à leur commandement.

La seule activité est l'activité commerciale. Et ici encore, malgré les fatigues de la marche et le poids des fardeaux, aucune idée d'amélioration ne se fait jour. Il n'est pas question de chemins. Quant aux rivières, elles se passent le plus souvent à gué ; c'est grand hasard, si quelques ponts chancelants dispensent parfois de ces dangereuses traversées. Les transports sont lents et pénibles, sur la tête des hommes et des femmes, ou tout au plus à dos d'ânes, de mulets ou de bœufs à bosse, ou, dans le désert, de chameaux. Le cheval paraît réservé pour la selle. Quant à la navigation sur le fleuve, il suffit de nous rappeler qu'elle est, comme l'agriculture, stationnaire et par la même raison.

Nulle idée du mieux, nulle recherche, nulle invention ; aucune initiative de réforme ; aucune direction scientifique et utilitaire ; règne absolu des habitudes anciennes ; règne absolu des *vieillards* qui les représentent, et par qui la chaîne des traditions est tenue entre les générations mortes et les générations naissantes.

Hommes et femmes, enfants et vieillards ont, à l'avance, chacun leur rôle, et le répètent tel que l'ont dit leur père et leur mère, tel que le répéteront leurs fils et leurs filles. Les choses sont, pensent-ils, pour être comme elles sont ; et de fait, elles sont comme elles ont été. Tel homme ou telle femme sont nés pour être menés au marché et criés à l'enchère, quand tel autre homme ou telle autre femme ont besoin de *faire de l'argent*, — ou bien pour être donné en *indemnité*, en *paiement de bail*, en *dot*. Tout cela leur paraît invariablement arrêté pour jamais, comme le cours de la lune par lequel ils comptent les mois et les années. Il en est de même de l'assujétissement de la femme à l'homme.

Leurs courses commerciales leur montrant partout mêmes couleurs de peau et mêmes coutumes religieuses ou civiles, ne portent pas à leurs illusions la moindre atteinte : enchantés de leur pays, ils supposent que nous autres blancs, nous habitons, tous sous un même chef, quelques misérables îles au milieu de la mer (1), et que nous aspirons à nous emparer de leurs belles campagnes. Pour eux, non pas seulement l'Amérique, mais l'Europe elle-même est encore à découvrir.

— Quant au voyageur, nous savions d'avance que son récit ne répondrait le plus souvent aux questions des savants que par des renseignements vagues ; s'il cite des champs de fleurs blanches, le botaniste voudrait qu'il en décrivît les étamines et le pistil, qu'il en déterminât le *genre* et l'*espèce* ; s'il rencontre à plusieurs reprises des pierres auxquelles il suppose une origine volcanique, le minéralogiste voudrait savoir si ce sont des trachites ou des basaltes, etc. Ces questions ont leurs conséquences.

(1) Cette idée provient sans doute de leurs relations avec les Anglais de la côte.

M. Caillié note avec le plus grand soin la nature du terrain tel qu'il croit pouvoir la déterminer à la simple vue. Mais on sait que, pour ces sortes d'observations, il ne suffit pas toujours de voir, il faut toucher, et toucher avec les pierres de touche que les découvertes chimiques mettent aux mains des observateurs. Il en est de même des autres remarques d'histoire naturelle, de géologie, de pathologie, comme aussi de langues et de mœurs. M. Caillié n'est ni linguiste, ni moraliste, ni naturaliste, ni chimiste, ni géologue, ni médecin. Toutefois, c'est un courageux éclaireur qui a dénoncé à l'attention de l'Europe des peuples et des pays oubliés. Son exemple trouvera et a trouvé déjà des imitateurs.

LA CHASSE AU LION.

Le plus bel animal de la création, à mon avis, c'est le lion. Il est l'image de la force intellectuelle chez la bête, de l'audace et du raisonnement : de la force, parce que nul mieux que lui ne peut résister à tous les quadrupèdes ; de l'audace, parce qu'il est doué de cette qualité au suprême degré ; et enfin du raisonnement, parce qu'il sait être généreux ou cruel, suivant l'occasion.

De toutes les ménageries connues, de toutes les cages des jardins zoologiques du monde, le plus beau spécimen de lion qui ait jamais existé depuis vingt ans était et est encore, sans contredit, le lion Brutus, appartenant au dompteur Peson, que tout Paris a vu et admiré. Ce monstrueux animal, qui eût pu, d'un coup de griffe, arracher la poitrine de celui qui le cravachait à certains moments de la représentation belluaire, se contentait de hausser la crinière et de cligner de l'œil, preuve évidente qu'il dédaignait ce sentiment qu'on appelle la vengeance.

Le roi des animaux a, comme qualité inhérente à son espèce, l'affection la plus cordiale pour sa famille et pour ses enfants, mais je n'en dirai pas autant de sa compagne, qui assiste bien souvent, placide et impassible, à un combat entre son « époux » et un rival préféré.

La race léonine tend à disparaître comme celle de tous les carnassiers dangereux. Nous sommes loin de l'époque où cinq cents lions étaient introduits à la fois dans l'amphithéâtre-cirque de Rome, — lors de l'inauguration du second consulat de Pompée, pour y être massacrés par les belluaires ou déchirés par leurs congénères. C'est Pline qui affirme le fait : on doit le croire.

Les lions africains sont les seuls connus, car c'est seulement sur le sol torride de cette partie du monde que naissent et grandissent les rois des animaux. Les voyageurs dans l'Afrique australe ont publié de nombreuses descriptions de leurs chasses aux lions. Anderson, Gordon Cumming, Jules Gérard, Bombonnel, Chassaing, Chéret, Livingstone ont tous été les héros de ces chasses excentriques qui demandent de l'audace et encore de l'audace. Les récits de ces « entreprises aventureuses » ont été publiés dans des volumes qui, à eux seuls, forment des bibliothèques. Je ne raconterai pas ce que l'on peut trouver dans les livres de ces voyageurs émérites. Je crois plus opportun de donner ici de l'inédit et je trouve cet élément de succès dans la correspondance d'un de mes amis — un héros inconnu — qui a voyagé dans l'Afrique australe et a rapporté de ces excursions lointaines des documents à l'aide desquels on peut intéresser le public le plus blasé.

« La première fois que le rugissement du lion frappa mon oreille, je fus saisi d'une terreur insurmontable. J'étais couché sous ma tente de voyage et je me levai d'un bond pour mieux écouter au dehors.

» Je ne m'étais pas trompé : c'était bien

le cri rauque du roi des animaux. Le quadrupède ne devait pas être à plus d'un mille de notre campement. Je compris que le carnassier avait senti les émanations de nos chevaux et des bœufs destinés à traîner les chariots sur lesquels se trouvait notre bagage. Il fallait se mettre en état de défense, et j'ordonnai à mon guide boschiman de prendre les précautions nécessaires. Il se hâta de faire resserrer le cercle formé par les véhicules, au centre desquels il ramena les moutons et les bêtes de trait. Cela fait, nous attendîmes, perchés sur les chariots, l'approche du ou des carnassiers, car il nous semblait que les ennemis de notre repos étaient en nombre.

» Les rugissements léonins se rapprochaient de plus en plus ; à un moment donné, cependant, le silence se fit. C'était une menace imminente : le danger était devant nous. Mais où le voir, où le deviner? La nuit était obscure, quoique parfois la lune se montrât à travers les nuages. Pendant une de ces « éclaircies, » un natif placé près de moi pour me passer mes armes de chasse et les charger au besoin me poussa le coude et me dit dans son langage :

» — Là ! derrière cet arbre touffu, à droite, il est là. C'est un *mangeur d'hommes.* »

» Je regardai : en effet, un énorme lion, rampant à travers les jungles, s'avançait dans notre direction. Un rugissement épouvantable retentit de nouveau, qui me fit frémir de la tête aux pieds.

» Je distinguai aussitôt les cris de deux de mes Boschimen, et un instant après l'un d'eux, nommé Raft, arriva en courant près de moi, sans pouvoir prononcer une parole, tant sa terreur était grande. Ses yeux sortaient de leurs orbites. Enfin il s'écria :

» — Le lion ! le lion ! Il a emporté Tato et l'a enlevé près du feu, à mes côtés. J'ai frappé à la tête le terrible animal avec un tison enflammé, mais il n'a pas voulu lâcher sa proie. Tato est mort ! Grand Dieu ! Tato est bien mort ! Courons à la recherche de son cadavre. »

« En entendant ces paroles, tous mes

hommes se ruèrent vers le feu et s'emparèrent de brandons enflammés.

» Je ne pus m'empêcher d'exprimer ma colère en les voyant agir de la sorte, et je leur dis que le lion ferait d'autres victimes s'ils ne se tenaient pas tranquilles. Ne fallait-il pas prendre des mesures de prudence? Ils comprirent ce raisonnement et se rangèrent autour de moi pour écouter mes conseils.

» Je fis d'abord lâcher mes chiens, qui tiraient sur leurs chaînes et voulaient s'élancer hors du campement ; mais ceux-ci, au lieu de se jeter à droite, vers l'endroit où s'était réfugié le lion assassin, se précipitèrent à gauche, sur une autre piste.

» Nous entendions les chiens aboyer avec force, tandis que, de temps à autre, les rugissements de l'animal frappaient nos oreilles. Parfois le lion s'élançait vers eux et les *hounds* revenaient vers nos chariots.

» Cela dura jusqu'au jour. Dès que le crépuscule nous permit de voir à quelques pas devant nous, tous les Boschimen armés de fusils s'avancèrent par mes ordres à droite, à quatre mètres de distance les uns des autres. Je m'étais placé au milieu et je formais la pointe du triangle.

» Nous parvînmes ainsi près d'un ravin où le lion avait traîné l'infortuné Tato. L'un de mes hommes avait trouvé la jambe de ce brave camarade, coupée au-dessus du genou. Le soulier était encore au pied. L'herbe et le buisson étaient couverts de sang et les fragments des habits de Tato épars çà et là.

» Le lion avait traîné le cadavre de notre compagnon à environ six cents mètres de notre camp, le long du courant d'eau, au milieu d'un taillis de roseaux et d'arbres morts emportés par les inondations.

» À des foulées nombreuses, je compris que le carnassier n'était pas loin de nous. Les chiens débouchés s'élancèrent en avant et nous les suivîmes, le doigt sur la détente de nos carabines.

» Tout à coup nous nous trouvâmes au milieu d'une sorte de clairière à l'extrémité de laquelle, adossé contre l'angle d'une souche déracinée, était un énorme lion tenant sous une de ses pattes les restes informes du malheureux Tato et frappant ses flancs avec sa queue, dans le paroxysme de la fureur, — *quærens quem devoret.*

» En apercevant l'animal féroce, mon sang bouillonnait de rage, mes dents claquaient, mais j'étais cependant maître de moi. Je me sentais prêt à répondre à l'attaque du carnassier s'il s'élançait sur moi.

» — Tu vas mourir, mon vieux lion ! » lui disais-je *in petto*.

» Et j'épaulai l'animal.

» Une seconde après, j'avais fait feu et une balle traversait l'épaule du meurtrier de Tato.

» Il tomba sous le coup, puis se releva. Je l'achevai en lui logeant une seconde balle en plein crâne.

» Lorsque nous pûmes prudemment approcher de ce splendide animal, nous reculâmes d'horreur. Le ventre du pauvre Tato était ouvert et ses entrailles sortaient toutes sanglantes. La tête détachée du tronc gisait à trois pas du corps : le bras droit était dévoré et l'épaule déchiquetée comme avec un râteau.

» Le lion fut dépouillé par mes Boschimen, et sa peau fut emportée au campement, tandis que les amis de Táto creusaient une fosse pour l'y enterrer. Au milieu du deuil que causa la mort du serviteur fidèle, on éprouva cependant la joie de voir sa fin terrible vengée par le chef blanc, et tous les Boschimen me baisèrent la main en signe de respect. »

Ce récit émouvant n'est pas le seul que nous puissions raconter à nos lecteurs.

» Un jour, raconte le même auteur, un homme de ma suite revenait d'un *kraal* voisin de mon campement; il s'éloigna un peu du sentier battu pour tuer à l'affût, près d'une source, un *springboch*, si faire se pouvait. Quand il parvint à cet endroit, le soleil était déjà très-élevé. Ne voyant pas de gibier, le nègre alla poser son fusil près d'une roche et, après s'être désaltéré, alluma sa pipe et finit par fermer les yeux. Lorsqu'il se réveilla, quelle ne fut pas sa terreur en voyant un énorme lion couché à trois pas de lui et le regardant fixement !

» L'épouvante avait glacé la voix du chasseur : il respirait à peine, et quand il recouvra sa présence d'esprit il songea à ressaisir son arme afin de tirer sur le roi des animaux. Le lion avait surpris ce mouvement et avait poussé un rugissement terrible. Le nègre fit encore un ou deux essais, mais le fusil se trouvait hors de sa portée ; il dut renoncer à s'en emparer, car le félin ouvrait démesurément sa gueule chaque fois que l'homme remuait la main. La journée s'écoula de cette façon. La nuit vint. Le lion n'avait pas bougé de place et les heures s'écoulèrent dans cet horrible supplice moral.

» Vers midi, le Hottentot vit le lion se lever tranquillement et, le cou tourné de son côté, se rendre à la source pour s'y désaltérer.

» A ce moment suprême, une bande de

cavaliers boschimen parut à l'horizon : le lion entendit le bruit que produisaient les pas des chevaux et crut prudent de se jeter dans un fourré qu'il traversa rapidement pour pénétrer dans la forêt.

» Le Hottentot était sauvé, mais ses cheveux crépus avaient blanchi dans l'espace de vingt-quatre heures. »

Je terminerai cet article par un fait qui m'a été raconté par le commandant Garnier.

Un Arabe des environs de Guelma apprit un matin qu'un grand vieux lion à crinière noire s'était montré dans les environs de son douar. On avait construit des fosses dans lesquelles le vieux carnassier ne voulait pas se laisser prendre, et il décimait chaque nuit le bétail du canton. L'Arabe quitta un jour la battue qui s'opérait dans la montagne et alla se poster près d'un ravin. A peine avait-il fait deux cents pas qu'il se trouva face à face avec le lion. Au moment où il armait son fusil, son arme fut tordue; il fut jeté sur le dos, les deux épaules entre les griffes du lion, qui le regardait fixement ; c'en était fait de lui sans un de ses camarades, nommé Ahmed-Zim, qui avait vu ce qui se passait. Sans prendre son fusil, sans même songer aux pistolets qu'il portait à sa ceinture, n'écoutant que son amitié pour son compagnon, il vola à son secours et sauta intrépidement sur le lion, le yatagan au poing. Il frappait d'estoc et de taille, et ceux qui accouraient vers le lieu du combat n'osaient pas se servir de leurs armes, de peur de tuer leur courageux ami. Un d'eux cependant, plus hardi que les autres, parvint à fracasser la tête du lion d'un coup de pistolet tiré dans l'oreille à bout portant.

Le lion abattu pesait deux cent cinquante kilos. Sa peau était déchiquetée en lanières et le sang en ruisselait de toutes parts.

Ahmed-Zim n'avait reçu aucune blessure, mais son ami avait le bras et les épaules affreusement déchirés.

FIN.

TABLE.

M. Caillié et son voyage.   5
Départ.   26
Cambaya.   42
Kankan.   59
Timé.   78
Jenné.   90
Navigation sur le Niger.   101
Tombouctou.   107
Le Désert.   119
El-Harib.   143
Fez et Méquinaz.   149
Tanger.   154
Retour.   156
La chasse aux lions.

FIN DE LA TABLE.

www.ingramcontent.com/pod-product-compliance
Lightning Source LLC
Chambersburg PA
CBHW070700100426
42735CB00039B/2382